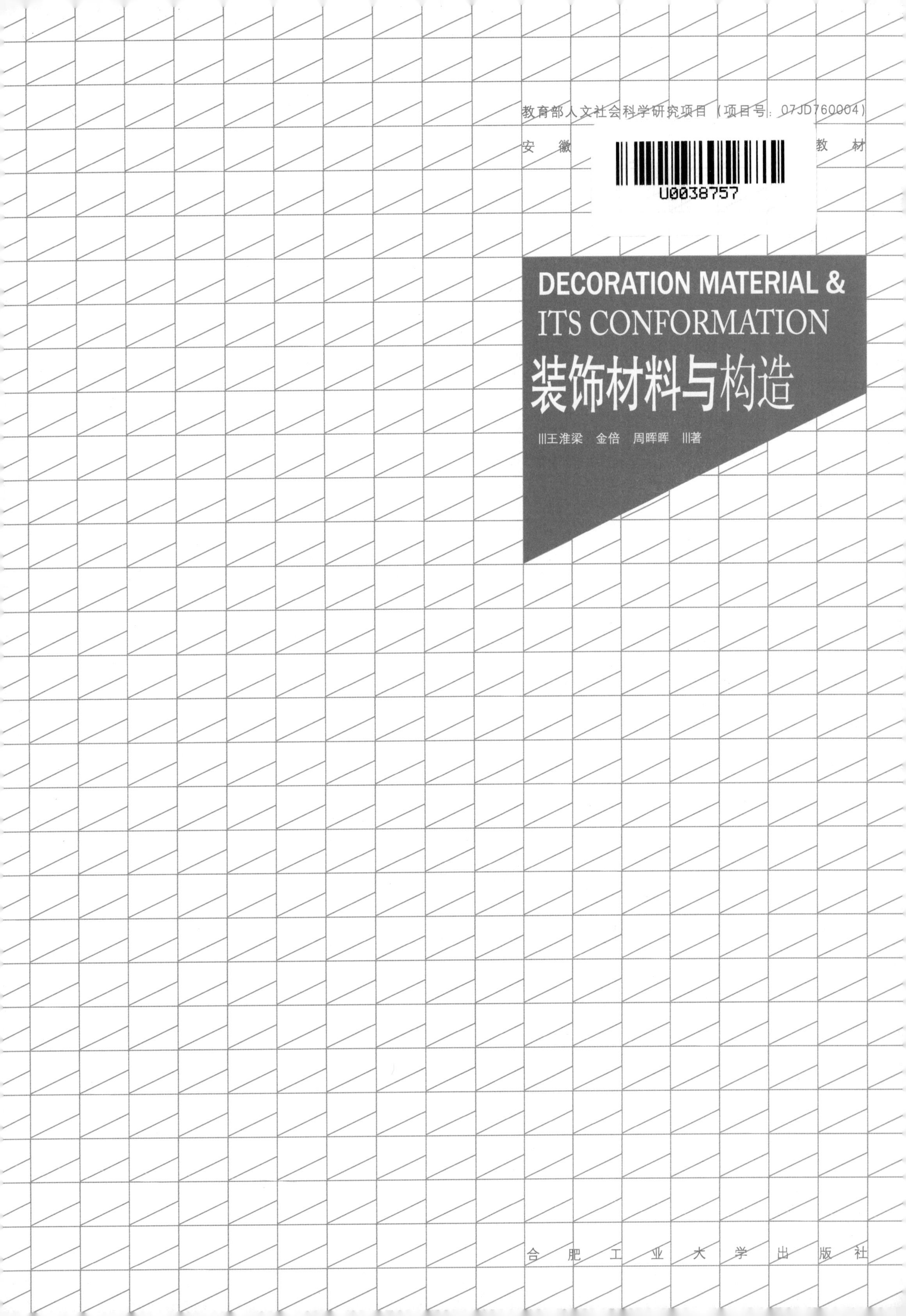
教育部人文社会科学研究项目（项目号：07JD760004）
安 徽
教 材
U0038757
DECORATION MATERIAL &
ITS CONFORMATION
装饰材料与构造
‖王淮梁 金倍 周晖晖 ‖著
合 肥 工 业 大 学 出 版 社

图书在版编目(CIP)数据

装饰材料与构造/王淮梁等编著. —2版. —合肥：合肥工业大学出版社，2009.8（2018.7重印）
ISBN 978-7-5650-0051-5

Ⅰ. 装…　Ⅱ. ①王…　Ⅲ. 建筑材料：装饰材料—高等学校—教材②建筑装饰—建筑构造—高等学校—教材　Ⅳ. TU56　TU767

中国版本图书馆CIP数据核字（2009）第150446号

安徽省十一五规划教材

装饰材料与构造

著　王淮梁　金倍　周晖晖　　责任编辑　方立松

出　版	合肥工业大学出版社	开　本	889×1194　1/16
地　址	合肥市屯溪路193号	印　张	7
邮　编	230009	字　数	210千字
电　话	总编室：0551-62903038	发　行	全国新华书店
	发行部：0551-62903188	印　刷	安徽联众印刷有限公司
版　次	2010年9月第2版	网　址	www.hfutpress.com.cn
印　次	2018年7月第9次印刷	E-mail	press@hfutpress.com.cn

ISBN 978-7-5650-0051-5　　定价：45.00元

序 言
FOREWORD

设计教育伴随着社会经济的增长而不断地提出新的要求。符合知识经济时代的需求，强调设计具有国际化视野、中国传统文化的特色，是我们今天的工作中心和培养目标。

设计艺术已进入多元化的发展时期，如何更好地搞好设计学科建设，突出教学特色，具有创新意识、宽泛的知识结构和坚定的市场服务意识，是今天我们教育的社会使命和责任。可喜的是，这套由安徽工程科技学院艺术设计系组织编写的现代艺术设计丛书的出版，结合大量的教学成果，不仅能理论联系实际，而且强调创新意识与工作能力培养相结合，无疑对今天的设计教育发展起到促进作用。

教材建设工作是我们积极配合教育部精品课程建设的一个举措，也是一项较艰难的系统工程，我们要给予关心和鼓励，从理论和学术上给予切实的帮助。没有理论的支撑，就无法进行深度研究，更谈不上创造；没有新的观念、新的思维和新的举措，设计教育将失去导向。

德国卡塞尔大学哥哈特·马蒂亚斯在考察中国设计教育时留下了这么一句话：“中国设计艺术类的学生是世界上最有希望的一代，因为这个潜在的市场为他们提供了一个巨大的舞台……”中国的设计艺术教育要在五千年文化和艺术历史的基础上形成自己的教育体系，我们应该思考这个问题。希望我们更多的人来参与中国特色的设计教育理论的研究，不断地思索，认真去做，使我国的设计学科更加成熟，为培养创造性的人才作出自己的贡献。

同济大学　林家阳教授

目　录
Contents

前言
FOREWORD

装饰材料是建筑装饰设计的物化基础，因而遴选装饰材料贯穿于装饰工程设计的全过程，成为保证建筑装饰质量的重要技术手段。建筑装饰设计效果与功能必须通过装饰材料的质感、色彩及性能等多方面因素加以体现。而离开装饰材料的特性，再好的创意和艺术构想都会无从实施。因此，建筑装饰材料及其构造是工程设计人员必须系统学习和牢固掌握的专业知识，工程设计人员熟悉装饰材料的种类、性能、规格、特性及变化规律。现代建筑装饰，要求符合安全、环保、节能，既能满足功能需求，又能美化艺术环境，提供给人们一个舒适、温馨、和谐的生活空间，在装饰设计上体现以人为本的观念。这就更需熟悉并全面考虑各种装饰材料的品种、性能特点及技术构造，以便合理选用。

随着我国经济、信息、科技、文化的迅猛发展，各种新颖、别致的建筑装饰材料不断涌现，装饰材料的构造方式也在日新月异地变化着。本书较全面系统地介绍了各种室内装饰材料的发展概况、生产原料、加工工艺、性能特点及其设计应用等内容。

本书是在总结多年教学、科研成果和实践体会的基础上编著的。书中涉及的大量施工案例，是著者长期进行社会实践的工程实例，如上海威斯汀大酒店大堂、上海利星行奔驰展示中心、上海外滩中心50层CJW酒吧、上海康桥先进制造技术创业基地办公楼、上海海天轻纺集团展厅、上海宾馆改建、沿海高速公路如皋服务区等工程项目。编著者从教与学的角度对这些工程案例图片加以综合整理，汇集在有关章节中，对各种新材料及先进工艺有一定的介绍，力图使学生能系统地了解各种装饰材料的基础知识，掌握常用装饰材料的构造与设计应用，了解当今装饰材料上的新成果，培养其大胆而合理、创新而巧妙地运用新型装饰材料的能力。

本书在编写过程中得到了安徽工程大学黄凯教授、陆峰教授，东华大学鲍诗度教授、黄更老师，东华大学环境艺术设计研究院谢文江工程师的鼎力支持，在此一并谨表谢意。

由于新的装饰材料及加工工艺的不断涌现，且建筑装饰材料专业性强，所涉及的知识面甚广，加之编写时间紧迫，书中定有诸多错漏之处，真诚希望广大师生及读者给予批评指正，以待于今后的修改与完善。

第一章

绪论

装饰材料是人们从事建筑装饰活动的物质基础。装饰工程的实际效果往往是通过装饰材料及其配套产品的质感、色彩、图案和形状尺寸等因素来体现的。装饰材料的价格又在很大程度上影响着整个装饰工程的造价，一般为装饰工程总造价的60%~70%，因此，无论是从事装饰设计的设计师，还是从事装饰施工的工程技术人员，都必须熟悉各种常用材料的种类、性能、规格、特性及变化规律，了解它的适用范围和使用方法，掌握它的质量标准和构造形式，坚持优材精用、中材广用、有害材不用，精心遴选，把好装饰材料的质量关。这对设计师来说尤为重要，只有对现代庞大的市场装饰材料系统熟练的掌握，才能够在设计中得心应手，合理而艺术地使用各种装饰材料。

第一节　装饰材料的作用

建筑装饰的目的就是美化与优化建筑空间环境，能够保护主体结构，延长建筑物的使用寿命，保证室内外所需的各项使用功能，营造一个舒适、温馨、安逸、高雅的生活环境与工作场所（图1－1～图1－4）。

装饰材料的作用主要表现在以下几个方面：

1. 保护功能

建筑装饰材料大多数是用于各种基体的表面。人们的生活环境常常会受到空气中的水分、氧气、酸碱物质、尘埃及阳光等侵蚀，装饰材料能够形成一层保护层，保护建筑基体不受这些不利因素的影响，同时还可隔绝机械撞击，避免直接损坏主体结构，从而起到延长

图1-1　上海威斯汀大酒店大堂局部空间装饰（工程案例）

图1-2　上海威斯汀大酒店游泳池局部空间装饰（工程案例）

图1-3　上海康桥先进制造技术创业基地办公楼电梯厅（工程案例）

图1-4　玻璃与艺术品结合营造了一个高雅的空间环境

图1-5 传统的砖墙外立面

图1-6 公共场所的地面用材要方便于卫生清洁

图1-7 卫生间的地面选材要注意防水、防滑（工程案例）

图1-8 设计师通过对材料色彩、质感等巧妙地处理来营造理想的装饰美

图1-9 上海海天轻纺集团展厅的空间氛围和意境（工程案例）

建筑物使用寿命的作用。这就要求装饰材料应具有诸如较好的强度、耐久性、透气性、调节空气的相对湿度、改善环境等的持久性能（图1-5）。

2. 使用功能

有些装饰材料根据装饰部位的具体情况，还要有特定的使用要求，如厨房、卫生间的地面应有防滑、防水的作用，公共空间的隔墙必须能够防火和隔声，建筑外立面玻璃幕墙维护结构应有良好的保温隔热性能等。因此，不同部位和场合使用的装饰材料及其构造方式就应该满足相应的功能需求（图1-6和图1-7）。

3. 美化功能

装饰的本意是为了美化，装饰工程最明显的效果就是装饰美。设计师通过对材料色彩、质感、构造图案、几何尺寸巧妙地处理来改变空间感，弥补原建筑设计的不足，营造出理想的空间氛围和意境，从而美化我们的空间环境。当然，保护功能、使用功能与美化功能不可顾此失彼，只有三者兼顾，达到完美统一，装饰工程才能取得总体上的最佳效果（图1-8和图1-9）。

第二节 装饰材料的种类

装饰材料种类繁多，具体品种非常繁杂，少则几千种，多则上万种，并且现代装饰材料的发展速度又异常迅猛，材料品种更新换代很快，新材料、新品种层出不穷。据不完全统计，仅居室装饰材料就多达23大类1853种，3000多个牌号，其用途不同，性能也千差万别。因此，装饰材料的分类方法很多，最常见的材料分类有如下几种：

一、按材料的材质分类

可分为有机高分子材料、无机非金属材料、金属材料和复合材料四大类：

1. 有机高分子材料：如木材、塑料、有机涂料等；

2. 无机非金属材料：如玻璃、大理石、花岗石、瓷砖、水泥等；

3. 金属材料：如轻钢龙骨、铝合金、不锈钢、铜制品等；

4. 复合材料：如人造大理石、彩色涂层钢板、铝塑板、真石漆等。

二、按材料的燃烧性能情况分类

1. A级材料　具有不燃性，在空气中遇到火或高温作用下不起火、不碳化、不微燃的材料。如花岗石、大理石、防火阻燃板、玻璃、石膏板、钢、铝、铜、黏土制品、锦砖、瓷砖等。

2. B1级材料　具有难燃性，在空气中受到火烧或高温高热作用时难起火、难微燃、难碳化，当火源移走后，已燃烧或微燃立即停止的材料。如装饰防火板、阻燃塑料地板、阻燃墙纸、水泥刨花板、纸面石膏板、矿棉吸声板、岩棉装饰板等。

3. B2级材料　具有可燃性，在空气中受到火烧或高温作用时随即起火或微燃，且火源移走后仍然继续燃烧的材料。如胶合板、木工板、墙布、地毯、人造革、木地板等。

4. B3级材料　具有易燃性，在空气中受到火烧或高温作用时立即起火，并迅速燃烧，且离开火源后仍继续燃烧的材料。如油漆、酒精、二甲苯、纤维织物等。

三、按材料在建筑中的装饰部位分类（表1－1）

第三节　装饰材料的基本特征及选择

一、装饰材料的基本特征

1. 颜色

颜色反映了材料的光学特征。材料表面的颜色与材

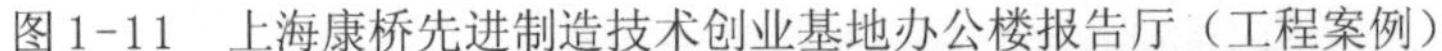

图1-10　办公空间的卫生间设计（工程案例）

图1-11　上海康桥先进制造技术创业基地办公楼报告厅（工程案例）

表1－1　材料按装饰部位分类

类别	种类	材料名称
外墙装饰材料	石质材料	天然花岗岩饰面板、天然大理石饰面板、青石板、文化石、人造石
	外墙砖	陶瓷面砖、陶瓷锦砖、仿石砖、劈开砖
	玻璃制品	幕墙玻璃、吸热玻璃、中空玻璃、玻璃马赛克
	金属材料	铝合金、不锈钢、铜、彩色钢板
	外墙涂料	水泥系涂料、溶剂型外墙涂料、乳液型外墙涂料
内墙装饰材料	装 饰 板	木质装饰饰面板、金属装饰板、矿物装饰板、软木片、装饰吸音板
	内墙涂料	有机涂料、无机涂料、复合涂料、墙面漆
	墙纸	纸面纸基壁纸、纺织物壁纸、天然材料壁纸、塑料壁纸、金属壁纸
	墙布（包括皮革类）	化纤墙布、棉纺墙布、无纺墙布、玻璃纤维贴墙布、天然皮革、人造皮革
	石质材料	天然花岗岩饰面板、天然大理石饰面板、人造大理石饰面板、文化石
	墙面砖	陶瓷面砖、陶瓷墙砖、陶瓷锦砖、仿石砖、劈开砖
	玻璃制品	彩色玻璃、压花玻璃、磨光玻璃、夹丝玻璃、镭射玻璃、玻璃砖
	金属材料	浮雕铜、不锈钢、铝合金
地板装饰材料	木地板	实木地板、实木复合地板、复合强化地板、竹质地板、软木地板
	塑料地板	塑料方块地板、塑料地面卷材、橡胶地板
	石质材料	天然花岗石饰面板、天然大理石饰面板、人造石饰面板、文化石
	地面砖	陶瓷地面砖、红砖、锦砖、玻化砖、麻面砖
	地毯	纯羊毛地毯、混纺地毯、合成纤维地毯、植物纤维地毯
	地面涂料	地板漆、环氧树脂地坪、聚醋酸乙烯地坪
吊顶装饰材料	金属吊顶材料	轻钢龙骨、铝合金龙骨、铝合金微孔吸音板、不锈钢板
	木质吊顶材料	微薄木饰面板、穿孔吸音纤维板、实木板条、木质装饰饰面板
	矿物装饰板	石膏装饰板、矿棉吸声板、珍珠岩装饰板、玻璃棉装饰板
	玻璃吊顶材料	镜面玻璃、磨光玻璃、彩色玻璃、彩绘玻璃、镭射玻璃
	涂料	有机涂料、无机涂料、复合涂料
	塑料吊顶材料	PVC 扣板、钙塑板、有机玻璃板、聚苯乙烯装饰板

料光谱的吸收以及观察者眼睛对光谱的敏感性等因素有关。人的眼睛对颜色辨认是出于某种心理感受，不同的颜色给人以不同的心理感受，而两个人又不可能对同一个颜色的感受产生完全相同的印象（图1－10和图1－11）。

2. 光泽

光泽是材料表面的一种特性。它对形成于材料表面上的物体形象的清晰程度起着决定性的作用，在评定材料的外观时，其重要性仅次于颜色。材料表面愈光滑，则光泽度愈高，镜面反射则是产生光泽的因素。不同的光泽度，可改变材料表面的明暗程度，可扩大视野或造成不同的虚实对比（图1－12和图1－13）。

3. 透明度

透明度是指光线通过物体时所表现的穿透程度。能透视的物体是透明体，如普通玻璃是透明的；能透光但不透视的物体称为半透明体，如磨砂玻璃、透光云石等；不能透光、透视的物体为不透明体，如金属、木材等（图1－14和图1－15）。

4. 花纹图案

在材料上制作出各种花纹图案是为了增加材料的装饰性。在生产或加工材料时，可以利用不同的工艺将材料的表面做成各种不同的表面组织，如粗糙或细致、光滑或凹凸、坚硬或疏松等；可以将材料的表面制作出各种花纹图案，如不锈钢表面的拉丝、圆圈等；也可以将材料本身拼镶成各种艺术造型，如拼花木门、拼花图案大理石等（图1－16）。

5. 形状和尺寸

不同的设计对大理石板材、地毯、玻璃等装饰材料的形状和尺寸都有特定的要求和规格，给人带来空间大小和使用上是否舒适的感觉。设计人员在进行装饰设计时，一般要考虑到人体尺寸的需要，改变装饰材料的形状和尺寸，并配合花纹、颜色、光泽等可拼镶出各种造型和图案，最大限度地发挥材料的装饰性。

6. 质感

质感是材料的表面组织结构、花纹图案、颜色、光泽、透明性等给人的一种综合感觉。装饰材料软硬、粗细、凹凸、轻重、疏密、冷暖等组成了材料的质感。相同的材料可以有不同的质感，如光面大理石与烧毛面大理石、镜面不透钢板与拉丝不透钢板等。一般而言，粗糙不平的表面给人以粗犷豪迈感，而光滑细致的平面则给人以细腻精致美（图1－17和图1－18）。

7. 使用性能

装饰材料还需具备一些基本的使用性能，如材料的耐污性、耐火性、耐水性、耐腐蚀性、耐磨性等，这些基本性能可保证其在长期的使用过程中经久常新，保持其原有的装饰效果。

二、装饰材料的选择

装饰材料的选择直接影响建筑空间的使用功能和装

图1-12　环氧树脂自流平地面有着较好的光泽度（工程案例）

图1-14　半透明的磨砂玻璃装饰吊顶

图1-13　光泽高的镜面不锈钢能反射周围的物体（工程案例）

图1-15 透光石接待台

图1-16 地面大理石的美丽花纹

图1-17 特制石膏的凹凸装饰质感

图1-18 粗糙不平的表面给人以粗犷豪迈感

饰效果。这种功能和效果在很大程度上取决于所用装饰材料的质量、性能、纹理、色彩和造型尺寸等。优秀的装饰设计人员应在熟悉各种构造和有关美学理论的基础上，充分考虑到材料的性能、外观及适用范围，从而进行合理地搭配使用，切忌未经审慎取舍，而将许多高档材料进行简单地拼凑、堆砌。

一般来说，选择装饰材料有以下三个基本原则：

1. 材料的外观

装饰材料的外观主要指材料的形状、质感、纹理和色彩等方面的视觉效果。材料的形状、质感、色彩的图案应与空间性质和气氛相协调。空间宽大的大堂、门厅，装饰材料的表面组织可粗放坚硬，并可采用大线条的图案，以突出空间的气氛；对于相对窄小的空间，如客房、居室，其装饰要选择质感细腻、体型轻盈的材料。总之，合理而艺术地使用装饰材料外观效果能使室内外的环境装饰显得层次分明、鲜明生动、精致美观（图1－19和图1－20）。

2. 材料的功能性

由于建筑物对声、热、防火、防潮、防水有不同的要求，选择装饰材料应结合使用场所的特点考虑具备相应的功能需要。如人流密集的公共场所，应采用耐磨性好、易清洁的地面装饰材料；影剧院、报告厅的墙面材料还需考虑到吸声降噪、控制混响的性能，最好选用多孔吸声材料；厨房和卫生间的墙面和顶面应选用耐污性和防水性好的装饰材料，地面宜用防水、防滑性能优异的材料；餐厅的地面（特殊豪华酒店例外）则尽可能不用地毯进行装饰，因其表面容易受食物污染，滋生细菌且不易清洗。

3. 材料的经济性

现在，建筑装饰的费用占建设项目总投资的比例往

图1-19　镜面玻璃折射的视觉效果（工程案例）

图1-20　层次分明的地面装饰（工程案例）

往高达二分之一甚至三分之二。装饰设计时应从经济角度审视装饰材料的选择，应从长远性、经济性的角度来考虑充分利用有限的资金取得最佳的使用和装饰效果（所谓低造价、高设计），做到既能满足装饰场所目前的需要，又能考虑到今后场所的更新变化，在关键部位宁可加大投资，以延长使用年限，保证总体上的经济性。例如，采用高层或超高层建筑的外墙维护结构、各种保温隔热性能优异的热反射玻璃幕墙或中空玻璃窗户，尽管这类幕墙的一次 性投资较大，但由于采用了幕墙维护结构后，降低了室内采暖或制冷所需能源的消耗，从长期的经济眼光来看，采用此类幕墙仍是精明合算的。总之，装饰工程的投资在保证整体装饰效果的基础上，应充分考虑到装饰材料的价格性能比，使投资变得合理经济。

第四节　装饰材料的发展趋势

随着科学技术的不断发展和人们物质水平的不断提高，现代装饰材料的发展很快，真可谓日新月异，突飞猛进。除了产品的多品种、多规格、多花色等常规技术的发展外，将来的发展趋势有以下几个特点：

1. 从单一功能向多功能性发展

随着市场需求的不断升级，过去单一的装饰材料，已逐渐被多功能性的材料所取代。如过去涂料只能起涂饰保护作用，现在有些涂料除了涂饰保护作用外，还具有杀虫、无毒、发光、防火等功能；有些装饰材料除了能修饰美化墙体或顶棚外，还具有隔声、吸声、防水、防火的功能；有些复合材料具有独特的装饰效果，同时兼具保温绝热性、隔声性、耐磨性、防结露性等多种功能，如镀膜玻璃、中空玻璃、热反射玻璃等（图1－21）。

2. 向绿色、环保型发展

现代装饰材料提倡“环境生态和生态平衡”，在材料的生产和使用过程中，尽量节省资源和能源，符合可持续发展的原则。要求装饰材料不产生或不排泄污染环境、破坏生态的有害物质，减轻或防止对地球和生态环境的负面影响，甚至对环境保护和生态平衡具有一定积极意义，能为人类构筑温馨、舒适、安全、健康的生活环境。如现代装饰材料中无毒害、无污染、无异味的水性环保型油漆及各种利用木材加工中的废料、采伐剩余或其他植物杆加工而成的人造木质装饰板等（图1－22）。

3. 向大规格、轻质量、高强度发展

现代建筑日益向框架型、超高层发展，对材料的自重、规格、强度等都相应有了新的需求。从装饰材料的用材及规格尺寸层面来看，发展的趋势是规格越来越大，质量越来越轻，强度越来越高。如大规格的玻化墙地砖、人造大理石、铝合金型材、中空玻璃、夹层玻璃、蜂窝装饰板等这样的轻质高强材料备受青睐（图1－23）。

4. 从现场制作向成品、标准安装式发展

过去的室内装饰工程绝大部分工程量都是在现场制作安装的，特别是有些湿作业，劳动强度大，费时费工，对环境的污染程度大。这不但很不经济，且工程质量难以保证，它显然已不适应现代装饰施工技术的发展需要。现在有很多装饰材料都是预先在工厂加工好，现场只需安装即可。如目前的厨房家具一体化、各种饰面装饰门窗、吊顶用轻钢龙骨及相配套的各种装饰板材等。另外，适合的干法施工作业装饰材料也是装饰材料的一个发展方向（图1－24和图1－25）。

再则，现代装饰材料正努力向智能化方向发展。如现代公共环境设计中的消防联动智能化设计，遇到火灾时，电子烟感器、温感器会通知大楼监控中心及所属地区消防中心；同时，消防喷淋头会自动打开，消防卷帘门会自动落下，电梯会自动追降至一层，且门会自动开启，出入口保持打开状态，形成安全通道。

图1-21　多功能的办公楼玻璃采光顶（工程案例）

图1-22　绿色、环保的陶瓷材料

图1-23　大规格、轻质量、高强度的玻璃幕墙

图1-24　标准化、模组化的办公隔断

图1-25　张力膜结构是预先在工厂加工好，现场安装即可（工程案例）

第二章

装饰石材

装饰石材包括天然石材和人造石材两大类。天然石材是指天然岩石经过荒料开采、锯切、研磨、酸洗、磨光等工艺加工而成的装饰材料。它们具有较高的强度、硬度和耐磨、耐久等优良性能，而且具有丰富多彩的天然纹理，美观而自然，因而受到人们的青睐（图2－1和图2－2）。人造石材则包括水磨石、人造大理石、人造花岗石和其他人造石材。与天然石材相比，人造石材具有质量轻、强度高、耐污耐磨、造价低廉等优点，从而成为一种很有发展前途的装饰材料。

第一节　石材的应用历史

石材是人类历史上应用最早、最广泛的建筑材料，石材以其坚韧的强度、独特的质感、优良的性能和极其丰富的资源蕴藏量，被各个历史时期的能工巧匠所看重。作为建筑基石，石材承接着千百年来的风雨寒暑，仍然屹立在现代建筑之林。

亘古至今，石器、石雕、石材建筑的艺术，就像一条永恒的长河不断地流淌，为世界建筑史谱写了不朽的篇章，如今，世界各国都留有许多石材建筑的杰作。从远古英国的巨石阵、爱尔兰的纽格莱奇陵墓、古希腊建造的巴特神庙、古罗马的竞技场、古埃及人建造的金字塔、凯尔奈克神庙，到后来复活节岛上那面对大海默默沉思数千年的巨石像、玛雅人建造的花岗大循环天文台、意大利雕塑家米开朗基罗大量不朽的石雕作品，以及其他大量的石材艺术作品等，都记录了人类文明历史上石材艺术的辉煌地位。

在中国，我们的祖先发现和利用石材的历史也十分悠久。新石器晚期我们的先民就能将天然石材作为建筑材料使用，如这一时期在辽东半岛海域等地用巨石建筑的石棚，距今已有3000多年的历史。殷墟出土的大量石柱、石梁、石鸟兽装饰品，证明夏商时期石材已用于建筑及建筑装饰。人工剁斧的条石、块石大量用于古长城。西汉时期已将天然石材用于陵墓建筑，出现了难得的石雕艺术珍品，从此开拓了中国帝王陵墓前石像装饰与石雕制品艺术。佛教从印度传入中国是在汉末时期，受佛教文化的影响，寺庙、石像、摩崖石刻比比皆是。历经了唐宋元明清五个鼎盛的历史时期后，天然石材无论从装饰技术、造型艺术或是加工工艺方面都有了巨大的发展。各个时期都有其代表的石材建筑珍品：隋唐的赵州桥，宋、辽、金时期的灵隐寺双石塔。北京卢沟桥，天安门前金水桥、精雕石华表，以及清代有“万园之园”美称的圆明园遗址等。这些石材建筑无一不体现出天然石材的动人魅力和光彩。

图2-1　石材具有丰富多彩的天然纹理

图2-2　天然透光石装饰过道（工程案例）

现代社会，天然石材的开发和利用得到了突飞猛进的发展。各类天然石材制品广泛地应用于室内外环境中的地面、墙面、柱面、楼梯踏步、台面及其他特殊饰面等。石材的使用无处不在，已经遍及各种建筑及室内环境之中（图2－3～图2－5）。

第二节　石材的形成及种类

一、岩石的形成

岩石俗称石头，是人们比较熟悉的。岩石如何形成，这在科学上是个大题目，主要由于地壳蜕变产生大量的高热高压，在一定的温度、压力条件下，不同元素根据其性质按一定比例进行结合，处于熔浆的物质，冷却后便成为岩石，构成地球坚硬的外壳－地壳，也可以称岩石圈。

地球上不同的地区地壳厚度不一，陆地较厚，最厚可达60～70km；海洋较薄，平均只有6km。地壳以下到2900km的部位称为地幔，成分以铁、镁、硅酸盐为主，2900km以下称为地核，成分以铁、镍为主，它们由于温度压力很高，所以其物质状态与地表截然不同。在地壳不同的部位岩石类型也有差别，大陆上部主要为较轻的花岗石。

岩石是由一种或几种矿物或天然玻璃组成的固态物质，它是各种地质作用的产物，不同的岩石有不同的化学成分、矿物成分和结构构造，已知的岩石有2000多种。

二、岩石的大类划分

1. 按石材的地质分类

各种造岩矿物在不同的地质条件下，形成不同类型的岩浆岩（或称火成岩）、沉积岩（或称水成岩）和变质岩三大类，见表2－1。

2. 按石材的组成成分和使用范围分类

（1）一类是大理石，主要成分为氧化钙。尽管多

图2-3　室内天然大理石墙面（工程案例）

图2-4　天然大理石装饰的室内地面（工程案例）

图2-5　装饰石材体现出动人的魅力与光彩（工程案例）

表2－1 岩石分类表

类 别	物质岩浆	形成机理	主要种类
岩浆岩	地下岩浆	岩浆浸入地壳中，喷溢出地表冷却结晶而成的岩石	辉长岩、玄武岩、岩长岩、安山岩、花岗岩、流纹岩
沉积岩	各种岩石分解后的物质	在地表条件下岩石碎屑经搬运、沉积固结成岩	石灰岩、页岩、砂岩、砾岩
变质岩	各种岩石变质	因地壳运动，使已形成的岩石经高温高压溶解后变成新的岩石	大理岩、千枚岩、石英岩、混合岩

图2-6 大理石拼花地面（工程案例）

图2-7 花岗石在建筑外立面的应用

数结构致密，坚韧细腻，但表面硬度不高，耐磨、耐晒、耐寒、耐风雨性能不够强，故不宜用于室外墙面、地面和行人过多的室内公共场所的地面（图2－6）。

（2）另一类是花岗石，主要矿物成分为长石、石英。花岗石属酸性岩石，极耐酸性腐蚀。结构均匀密实，质地坚硬，耐磨、耐压、耐火及耐大气中的化学侵蚀。因此，花岗石在地面装饰和室外装饰中被广泛地应用（图2－7）。

3. 按石材的外观形态分类

板材。规则形的墙面、柱面、地面、台面等饰面板材，以及不规则形的边角贴面板料和地面拼花。

线材。直线材和曲线材，用于楼梯扶手、腰线、踢脚线、收口线条等饰线。

体材。规则的柱、碑、台、栏杆等几何体材和不规则的环境装饰雕塑、园林装饰造型等异形体材。

第三节 常用的天然石材

一、天然大理石

大理石（marble）是因云南省大理县盛产大理石而得名。天然大理石是由于大规模的地壳运动，岩浆岩或沉积岩经高温、高压的作用重新结晶而形成的变质岩。岩浆岩经变质后，性质减弱，耐久性变差，如花岗石变成片麻岩；沉积岩变质后，性能加强，结构更为致密，坚实耐久，如石灰岩变质为大理岩。

1. 天然大理石的特点

大理石属中硬石材，密度2500～2600kg/m3，抗压强度高约47MPa～140MPa。天然大理石质地细密，抗压性强，吸水率小于10%，耐磨，耐弱酸碱，不变形，花纹多样，色泽鲜艳。

大理石的抗风化性能较差，主要化学成分为碱性物质，大理石的化学稳定性不如花岗岩，不耐酸，空气和雨水中所含的酸性物质和盐类对大理石有腐蚀作用，故大理石不宜用于建筑物外墙和其他露天部位的装饰（图2－8～图2－10）。

2. 天然大理石的品种

天然大理石颜色花样各有不同，可根据其特点分为云灰、单色和彩花三大类：

（1）云灰大理石 花纹呈灰色的色彩，灰色的石面上或是乌云滚滚，或是浮云漫天，有些云灰大理石的花纹很像水的波纹，又称水花石。云灰大理石纹理美观大方，加工性能好，是较理想的饰面材料。

（2）单色大理石

色泽洁白的汉白玉、象牙白等属于白色大理石，纯黑如墨的中国黑、墨玉等属于黑色大理石。这些单色的大理石是很好的雕刻和装饰材料。

（3）彩花大理石

这种石材是层状结构的结晶或斑状条纹，经过抛光打磨后，呈现出各种色彩斑斓的天然图案，经过精心挑选和研磨，可以制成由天然纹理构成的山水、花木等美丽画面。

3. 天然大理石板的形状分类

大理石装饰板材的板面尺寸有标准规格和非标准规格两大类。我国行业标准《天然大理石建筑板材》「JC79－92）规定，其板材的形状可分为普通型板材（N）和异型板材（S）两类，普通型板材为正方形或长方形，其他形状的板材为异型板材，异型板材的加工费要高于普通型板材。

二、天然花岗石

天然花岗石以石英、长石和云母为主要成分。它是因地壳运动，熔融的岩浆体由地壳内部上升并经冷却而生成的火成岩。根据火成岩形成过程中所处环境压力大小变化、冷却速度快慢的条件不同，又可分为深成岩、喷出岩和火山岩三种。花岗石即属典型的深成岩。

1. 天然花岗石的特点

花岗石是深成岩，主要成分二氧化硅，属硬石材，质坚硬密实，密度一般为2700～2800kg／m3，抗压强度高，约为120～250MPa，吸水率低于1%。

花岗石构造细密，质地坚硬，耐摩擦、耐酸碱、耐

图2-8　卫生间墙面天然大理石装饰（工程案例）

图2-9　顶部透光石装饰造型

图2-10　天然大理石花纹多样，色泽鲜艳（工程案例）

图2-11　花岗石质地坚硬，耐酸碱、耐腐蚀（工程案例）

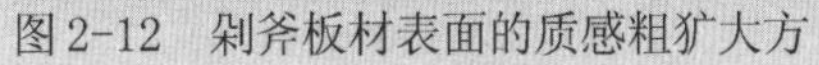

图2-12　剁斧板材表面的质感粗犷大方

图2-13　机刨板材

图2-14　火烧板起伏有致的粗糙表面（工程案例）

腐蚀、耐高温、耐光照好。花岗石饰面板多用于室内外墙面与地面的装饰（图2－11）。其缺点为自重大，增加了建筑体的重量；硬度大，开采与加工不易；质脆、耐火性差，含有大量石英，在573℃～870℃的高温下会发生晶态转变，产生体积膨胀，火灾时会造成花岗石爆裂。

2. 天然花岗石的品种

天然花岗石荒料经锯切加工制成花岗石板材后，可采用不同的加工工序将花岗石板材制成多种品种，以满足不同的用途需要。其主要品种有：

（1）剁斧板材

石材表面经手工剁斧加工，表面粗糙，呈有规则的条状斧纹。表面的质感粗犷大方，一般用于外墙、防滑地面、台阶等（图2－12）。

（2）机刨板材

石材表面被机械刨成较为平整的表面，有相互平行的刨切纹，用于与剁斧板材类似的场合（图2－13）。

（3）火烧板

火烧板（也叫烧毛板）是一中粗糙面的石材装饰板。其制作方法是采用氧气与煤气、乙炔混合燃烧，通过压力喷射出火焰，灼烧石材表面，石材表面因矿物颗粒的热膨胀系数不同，产生差异性崩落而形成起伏有致的粗糙毛面，成为一种具有粗犷质感的饰面石材品种（图2－14）。

火烧板一般只能对花岗石进行烧毛加工，对大理石、板石等石材不能用此法，原因是大理石中碳酸钙含量高，灼烧后会生成氧化钙，再经水的侵蚀，会有很大的烧失量，使石材强度大为降低。同样，板石中的高钙板也会出现类似大理石烧失量大的现象，而板石中的低钙板经烧毛后促使板石分层，更不适宜用烧毛法加工。

（4）粗磨板材

石材表面经过粗磨，表面平滑无光泽，主要用于需要柔光效果的墙面、柱面、台阶、基座、纪念碑等。

（5）磨光板材

石材表面经磨细加工和抛光，表面光亮，花岗石的晶体花纹清晰，颜色绚丽多彩，多用于室内外地面、墙面、立柱、台阶等处的装饰。

3. 天然花岗石的形状分类

天然花岗石装饰板材的形状分类同天然大理石装饰板。

三、天然砂岩

砂岩是由砂粒、黏土及其他物质胶结而成的的岩石，属沉积岩的一种。砂岩分海砂岩和泥砂岩两种，都可作为装饰石材，装饰风格独具特色。

海砂岩石材成分的结构颗粒比较粗，硬度比泥砂岩大，空隙率高，脆性也比较大，作为装饰板材厚度就不可能很薄，常用厚度一般是20～30mm，主要代表品种有澳大利亚砂岩、西班牙砂岩。而泥砂岩比较细腻，表面呈亚光，硬度稍软于海砂岩，花纹奇特，酷似树木的年轮或画家笔下的山水画，是室内外墙面装饰的上好品种。

砂岩因其内部空隙多，吸水率较高，具有防声、防火、吸潮的特性，特别适用于有较高吸声要求的影剧院、图书馆、体育馆等公共建筑物。

第四节　石材饰面板的装饰施工

一、石材饰面板的施工准备

石材饰面板施工前的准备工作如下：

1. 施工前应做好选料备料工作。根据设计图纸和镶贴排列的要求，提出石材饰面板加工尺寸和数量。如遇异形或特殊形状的面板，应绘制加工详图，并按使用部位编好号码，加工量要适当增加，主要考虑运输和施工时的损耗。委托加工时应留好样品，以便验货时对照。

2. 施工工具，除配备一般常用工具外，还应备好手提式冲击电钻和电动锯石机、细砂轮、水平尺、橡皮锤、靠尺板、钢丝钳、尼龙线等。

3. 检查验收主体结构的平整度和垂直度及强度是否符合设计要求，不符合要求的应立即返工；检查验收门窗、水暖、电气管道及预埋件安装位置是否符合设计要求，不符合要求的亦应更正。

4. 将有缺边掉角、裂纹和局部污染变色的石材饰面板挑选出另行堆放；对完好的石材饰面板进行套方检查，规格尺寸如有偏差，应磨边、修整，以便控制安装后的实际尺寸，保证宽、高尺寸与图纸一致（图2－15和图2－16）。用于室外装饰板材，应挑选具有耐晒、耐风化、耐腐蚀性能好的花岗石饰面板。

5. 安装石材饰面板前，应准备好不锈钢连接件、锚固件及铜线，而绝不能用铁连接件及铁丝，因其铁锈容易污染石材饰面板面层。

二、石材饰面板的湿法挂贴（湿贴法）

1. 大理石饰面板的安装

大理石饰面板材安装，首先在砌墙时预埋镀锌铁钩，并在铁钩内立竖筋，构成一个Φ6的钢筋网。如果基层未预埋钢筋，可用金属胀管螺栓固定预埋件，然后进行绑扎或焊接竖筋和横筋。板材上端两边钻以小孔，用铜丝或镀锌铁丝穿过孔洞将大理石板绑扎在横筋上。大理石与墙身之间留30mm缝，施工时将活动木楔插入缝内，以调整和控制缝宽。上下板之间用“Z”形铜丝钩钩

图2-15　磨边整齐的大理石台面板（工程案例）

图2-16　控制安装后的实际尺寸与图纸一致（工程案例）

图2-17　大理石与墙身之间留30mm缝（工程案例）

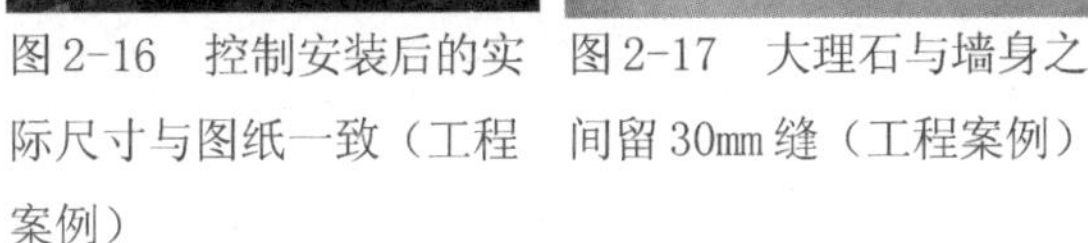

图2-18　灌浆宜分层灌入（工程案例）

住，待石板校正后，在石板与墙面之间分层浇灌1:2.5水泥砂浆（图2－17和图2－18）。灌浆宜分层灌入，每次灌注高度不宜超过板高的1/3。每次间隔时间为1～2h。最上部灌浆高度应距板材上口50mm，不得和板材上口齐平，以便和上层石板灌浆结合在一起。

石板的接缝常用对接、分块、有规则、不规则、冰纹等。除了破碎大理石面，一般大理石接缝在1～2mm之间。

2. 花岗石饰面板的安装

花岗岩块材的安装构造，因石材较厚、重量大，铅丝绑扎的做法已不能适用，而是采用连接件搭钩等方法。板与板之间应通过钢销、扒钉等相连。较厚的情况下，也可以采用嵌块、石榫，还可以开口灌铅或用水泥砂浆等加固。板材与墙体一般通过镀锌锚固件连接锚固，锚固件有扁条锚件、圆杆锚件和线型锚件等。

常用的扁条锚固件的厚度为3mm、5mm、6mm，宽为25mm、30mm；圆杆锚固件常用直径为6mm、9mm；线形锚固件多用Φ3～Φ5钢丝。

用镀锌钢锚固件将细琢面花岗石板与基体锚固后，缝中分层灌注1∶2.5水泥砂浆，灌浆层的厚度为25～40mm，其他做法和大理石板材相同。

三、石材饰面板的干挂固定（干挂法）

石材饰面板的湿法挂贴，都需要灌注水泥砂浆等胶剂。由于它需要逐层浇注并有一定的间隔时间，工效较低。另一方面湿砂浆能透过石材析出“白碱”，影响美观，所以近年来建筑外墙石材饰面和内墙石材饰面中广泛地采用干挂法安装固定饰面板，其工效和装饰质量均有明显的提高。

干挂法是用不锈钢型材或连接件将板块支托并锚固在墙面上，连接件用膨胀螺栓固定在墙面上，上下两层之间的间距等于板块的高度。板块上的凹槽应在板厚中心线上，且与应用连接件的位置相吻合（图2－19和图2－20）。

第五节　人造石材

人造石材现在是一种应用比较广泛的室内装饰材料，常见的有人造大理石板材、人造花岗石板材、水磨石板材、微晶玻璃板材等。

一、水泥型人造石材

它是以水泥为粘结剂，砂为细骨料，碎大理石、花岗石为粗骨料，经过成型、养护、研磨、抛光等工序而制成的一种建筑装饰用人造石材。用它制成的人造大理石、花岗石具有表面光泽度高、花纹耐久、抗风化、耐火性、防潮性都优于一般的人造石材。水泥型人造石材的生产取材方便，价格低廉，颜色可根据需要任意配

图2-19　根据石材的尺寸来确定钢架的尺寸模数（工程案例）

图2-20　用不锈钢连接件将板块锚固在墙面钢架上（工程案例）

图2-21　水泥型人造石材（水磨石）地面

制，花色品种多，并可在施工使用时拼铺成各种不同的图案。水泥型人造石材适用于建筑物的地面、墙面、柱面、台面、楼梯踏步等处（图2－21）。

二、聚酯型人造石材

聚酯型人造石材是以不饱和聚酯为粘结剂，配以天然的大理石碎石、花岗石碎石、石英砂、方解石、石粉等无机矿物填料，以及适量的阻燃剂、稳定剂、颜料等附加剂，经配料混合、浇注、振动、压缩、固化成型、脱模烘干、表面抛光、切割等工序加工而成的一种人造石材。这种产品的颜色、花纹和光泽均可以仿制出天然大理石、花岗石、透光石等的装饰效果。

聚酯型人造石材的特点是：

1. 具有天然石材的花纹和质感，表面光泽度高，色泽均匀，无色差，仿真性强。

2. 质量轻，重量只有天然石材的一半，但强度高，可以制成大幅度面薄板。

3. 耐腐蚀、耐污染。

4. 拼接无缝，可制成各种弧形、曲面，加工性能好，施工方便。

5. 耐候性大大低于天然石材，不宜用于室外。

6. 无放射性污染，属环保建材，成为室内装饰装修应用比较广泛的材料。

常见的聚酯型人造石材品种有：

1. 人造大理石

有类似大理石的花纹和质感，填料最大粒度在0.5～1mm之间，一般用石英砂、硅石粉和碳酸钙作为填料。用硅石粉作填料制成的产品具有更佳的机械性能和良好的抗水解性能。

2. 人造花岗石

有类似花岗岩的花色和质感，一般有粉红底黑点、白底黑点等花色品种，具有半透明性，填充料配比按其花色而定，其性能与人造大理石相似。

3. 人造玛瑙石

有类似玛瑙的花纹和质感，所使用的填料对细度和纯度要求很高，其制品具有半透明性，填充料可使用氢氧化铝（三分子结晶水）和合适的大理石粉料。

4. 人造玉石（透光石）

有类似玉石的光泽，呈半透明状。所使用的填料为仿玉石料，有很高的亮度和纯度。其主要有仿和田玉、仿芙蓉石、仿紫晶、仿彩翠等品种（图2－22和图2－23）。

三、复合型人造石材

复合型人造石材的粘结剂中既有无机材料，又有有机高分子材料。其制作工艺是先将无机填料用无机胶粘剂胶结成型。养护后，再将坯体浸渍于有机单体中，使其在一定条件下聚合。板材制品的底材要采用无机材料，其性能稳定且价格较低；面层可采用聚酯和大理石、花岗石粉制作，以获得最佳的装饰效果。无机胶结材料可用快硬水泥、白水泥、铝酸盐水泥等。有机单体可以采用苯乙烯、甲基丙烯酸甲酯、醋酸乙烯、丙烯腈、二氯乙烯、丁二烯等，这些树脂可单独使用或组合起来使用，也可以与聚合物混合使用（图2－24）。

复合型人造石材制品具有质轻、耐磨、防水、质美、价廉等特点。但它受温差影响后，聚酯面易产生剥落或开裂。

四、烧结型人造石材

烧结型人造石材的生产工艺与陶瓷的生产工艺相似，是将斜长石、石英、辉石的石粉及赤铁矿粉和高岭土等混合，一般用40％的黏土和60％的矿粉制成泥浆后，采用注浆法制成坯料，再用半干压法成型，经1000℃左右的高温焙烧而成。烧结型人造石材具有质地坚硬、强度高，耐磨、耐污、防水、防潮等性能（图2－25和图2－26）。

五、高温结晶型人造石

采用多种高分子材料与85％天然石料混合，并经高温再结晶而成，是一种新型的高分子聚合材料，具有许多优良的性能。

1. 强度高：既具有天然石材的硬度和质感，又具有天然石材无法比拟的韧性和整体感。

2. 耐污染：表面无毛细孔，污渍无法渗入，易清洁。

3. 防火、耐高温：经高温处理，表面耐温280～550℃，不燃烧。

4. 防水：不吸水、不腐烂。

5. 防静电，耐酸碱，抗刮擦。

6. 无毒无味，无放射性。

7. 易加工：可自由切割、钻孔、粘结，板材经加热后即可进行各种造型。

8. 色泽多样，且均匀，花纹自然，表面光洁平滑，造型整体感强。

9. 轻质，较天然石材轻，铺设简便。

高温结晶型人造石广泛用于整体餐橱柜、柜台面、卫生间和浴室洗手台、办公桌面。它又是优良的地板材料，外柔内刚，耐磨性强，防滑，脚感舒适，因而又称“石塑地板”，是一种新型的环保材料（图2－27）。

图2-22　人造透光石灯具

图2-23　人造透光石装饰台

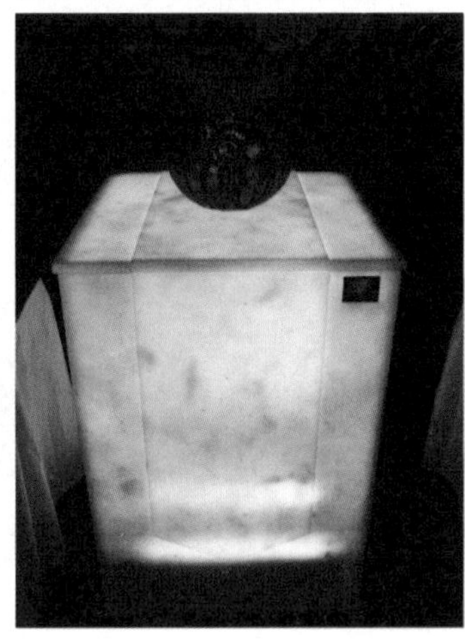

图2-24　复合型人造石材接待台（工程案例）

图 2-25 烧结型人造石材

图 2-26 烧结型人造石材

图 2-27 服务区洗手台（工程案例）

第三章

装饰玻璃

在设计师眼中很难有其他建筑装饰材料能与当前广泛使用的玻璃相比。这一色彩缤纷、绚丽夺目的材料使我们有机会建立透明的、开放的并且看上去不沉重的建筑装饰来改善室内、室外的关系，以及人类、空间、光线和自然之间的关系。

随着现代装饰材料的更新换代，高科技、新工艺生产的各种装饰玻璃各显异彩，装饰玻璃从过去的仅仅局限于空间的围护和采光功能，发展为能够节约能源、调节热量、控制噪声、提高安全性能等，使装饰玻璃的功能概念有了根本性的改变。近年来对玻璃在使用功能方面做了大量的创新，以适应防火、隔声、隔热及安全上的严格要求。最新的薄膜涂料为玻璃提供了控制尽可能低的太阳辐射，同时还保证了最佳的透明度。而利用其他技术还能使同一块玻璃交替地呈现不透明或透明，可以让一个原本开放的空间瞬间隐形。

这些多元的创新使得设计师们对玻璃设计运用萌生出更加强烈的渴望（图3－1和图3－2）。

第一节　玻璃的基本性质

一、玻璃的定义

玻璃是以石英砂、纯碱、长石、石灰石等为主要原料，在1550～1600℃高温下熔融、成型而成的固体材料。

玻璃具有很好的透光性能，透光率一般在80％以上。玻璃的化学稳定性较好，有较强的耐酸性。碱性物质虽然能够腐蚀玻璃，但由于玻璃与碱性物质的化合物在玻璃的表面形成了一层保护层，能够阻止碱性物质对玻璃的进一步腐蚀，因而玻璃具有一定的耐碱性。

玻璃的性能可以在制造的过程中按照人为的需要进行加工改进，以适应不同装饰场所的需要（图3－3～图3－6）。如安全玻璃就克服了普通玻璃易碎、遇急冷急热性能弱的缺点，它可以用在采光屋面上；中空玻璃则有良好的保温隔热性能，且自重比传统的围护材料要

图 3-1　卫生间烤漆玻璃隔断与镜面玻璃（工程案例）

图 3-2　商场室内玻璃隔断

图 3-3　外立面采用的新型装饰玻璃

图 3-4　叠加的艺术玻璃造型

图 3-5　装饰玻璃柱

图3-6　色彩缤纷、绚丽夺目的艺术玻璃

轻，可以减轻建筑物的总体重量，支持建筑物结构的稳定性。

二、玻璃的分类

玻璃的性能因品种不同而不同，决定其性质的关键因素是它的化学组成，由此可以把玻璃分为如下几类：

1. 钠玻璃

钠玻璃又名钠钙玻璃或普通玻璃，其化学元素主要是由二氧化硫、氧化钠、氧化钙组成，它的软化点较低，易于熔制。由于所含杂质多，制品多带有浅绿色。其力学性质、光学性质和化学稳定性均较差，多用于制造普通建筑玻璃和日用玻璃制品。

2. 钾玻璃

又名硬玻璃，是以氧化钾代替钠玻璃中部分氧化钠，并提高玻璃中氧化硅含量。它坚硬而有光泽，其他性质也较钠玻璃好，多用于制造化学仪器、用具和高级玻璃制品。

3. 铝镁玻璃

是通过降低钠玻璃中碱金属和碱土金属氧化物的含量，引入氧化镁，并以氧化铝代替部分碱金属氧化物而制成的一类玻璃。它的软化点低，析晶倾向弱，力学性质、光学性质和化学稳定性都有提高，用于制造高级建筑装饰玻璃。

4. 铅玻璃

又称铅钾玻璃、重玻璃或晶质玻璃，系由氧化铅、氧化钾和少量的氧化硅所组成。它光泽透明，质软易加工，对光的折射率和反射性能强，化学稳定性高，用以制造光学仪器、高级器皿和装饰品等。

5. 硼硅玻璃

硼硅玻璃又称耐热玻璃，由氧化硼、氧化硅及少量氧化镁所组成。它具有较好的光泽度和透明度，较强的力学性能、耐热性能、绝缘性能和化学稳定性能，用以制造高级化学仪器和绝缘材料。

6. 石英玻璃

石英玻璃由纯净的氧化硅制成，具有优良的力学性质、热性质、光学性能和化学稳定性，并能透过紫外线，可用来制造耐高温仪器及杀菌灯等特殊用途的仪器。

第二节　玻璃的制造工艺

玻璃的制造工艺因制品种类不同而有所不同，但基本上均需将各种原料混合后在高温下熔融，然后用不同的成型方法将玻璃液体冷凝成不同形状的固体。

玻璃制品制造工艺流程如下：

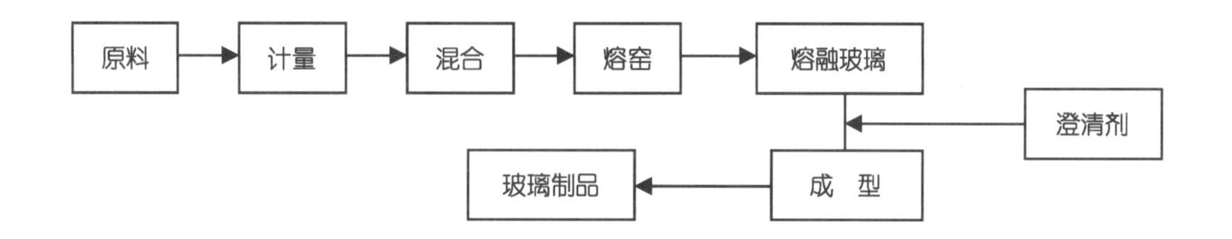

一、普通玻璃的制作

普通玻璃的生产工艺有垂直引上法、平拉法和浮法。垂直引上法根据平板玻璃的成型工艺不同又分有槽、无槽和对辊引上法三种。有槽垂直引上法是在融窑末端，将玻璃液从槽子砖的缝隙中垂直向上拉引制成的。垂直引上法制作的玻璃容易成型，玻璃的厚度较为均匀，但玻璃的表面易产生波筋和开口气泡。无槽引上法是用在玻璃液面下埋入耐火材料制成的引砖对玻璃液进行拉引，冷却后即能制成玻璃。无槽引上法制作的玻璃厚薄不均匀，且制作时间较长。对辊法是用一对用耐火材料制成的可旋转的辊轴取代了槽子砖，玻璃液从辊轴的缝隙中拉引出来。对辊引上法的玻璃生产周期较长，但玻璃的厚薄比较均匀。

平拉法是将玻璃带从引上室的玻璃液自表面拉引向上，借助转向辊使玻璃板水平方向进入退火窑。其中，转向辊的光洁度是决定玻璃表面质量的关键因素。

玻璃的浮法生产工艺是目前厂家较多采用的一种制作方法。将玻璃的各种组成原料在熔窑里熔融后，使处于熔融状态的玻璃液从熔窑内连续流入并漂浮在相对密度较大的干净锡液表面上，玻璃液在自重及表面张力的作用下，在锡液面上铺开、摊平后，形成上下表面平整、相互平行的玻璃带。玻璃带向锡槽的尾部拉引后，经抛光、拉薄、硬化、冷却再被引上过渡辊台。在辊台的辊子转动下玻璃带被拉出锡槽，然后进入退火窑，经过退火、切割后就制成了玻璃产品。

浮法生产的玻璃最大的特点是玻璃不变形，表面光洁平整，厚薄均匀。

浮法工艺可生产2～30mm厚的平板玻璃，最大板宽达3600mm，其长度可根据要求定制（图3－7）。

二、玻璃制品的加工和装饰

为了提高玻璃材料的装饰性或适用性，普通平板玻璃需要进行继续加工，以得到符合不同要求的制品。经加工后的玻璃不仅在表面性质上得到改善，同时也在外观上提高了装饰性（图3－8和图3－9）。

建筑玻璃的加工与装饰方法主要有以下几种：

1. 研磨与抛光

为了使制品具有需要的尺寸和形状或平整光滑的表面，可采用不同磨料进行研磨，开始用粗磨料研磨，然后根据需要逐级使用细磨料，直至玻璃表面平整细致。需要时，再用抛光材料进行抛光，使表面变得光

图3-7　大尺寸的浮法玻璃

图3-8　可根据设计要求定制玻璃（工程案例）

图3-9　装饰性极强的玻璃制品

滑、透明，并具有光泽。经研磨、抛光后的玻璃称为磨光玻璃。

常用的磨料有金刚石、刚玉、碳化硅、碳化硼、石英砂等。抛光材料有氧化铁、氧化铬等金属氧化物。抛光盘一般用毛毡、呢绒、马兰草根等制作。

2. 钢化、喷砂

（1）玻璃的钢化是在炉内将平板玻璃均匀加热到600～650℃之后，喷射压缩空气使其表面迅速冷却或用化学强化处理制成的，制品具有很高的物理力学性能。

（2）玻璃的喷砂是利用压缩空气通过喷嘴时形成高速气流，高速气流带动金刚砂，将玻璃喷毛磨砂。喷砂可用来制作毛面玻璃或者在玻璃的表面形成各种光滑面和毛面相互交织的装饰图案。

3. 切割、钻孔

（1）玻璃的切割是利用玻璃的脆性和玻璃内部应力分布不均易产生裂缝的特性进行加工的。在玻璃的切割部位划出一道刻痕，玻璃刻痕处的应力较为集中，因而此处的玻璃极易折断。

（2）玻璃的钻孔分研磨钻孔、钻床钻孔、超声波钻孔和水刀钻孔，在装饰施工中，以研磨钻孔和钻床钻孔方法使用较多。

4. 表面处理

表面处理是玻璃生产中十分重要的工序。其目的与方法大致如下：

（1）化学蚀刻与化学抛光。目的是改变玻璃表面质地，形成光滑面或散光面。用氢氟酸类蚀刻液或蚀刻膏进行侵蚀，可使玻璃表面呈出凹凸形或去掉凹凸形。利用化学蚀刻可在玻璃表面形成具有立体感的物体、文字、画像等图案。利用化学抛光可除去玻璃表面的细小裂纹等缺陷，提高玻璃的光洁度与透光率。

（2）表面着色处理。在高温或电浮条件下金属离子会向玻璃表面层扩散，使玻璃表面呈现颜色，因此可将着色离子的金属、熔盐、盐类的糊膏覆在玻璃表面，在高温或电浮条件下使玻璃表面着色。

（3）表面金属涂层。在玻璃表面镀上一层金属薄膜，这种玻璃便可获得新的功能。加工方法有化学法、真空沉积法、真空蒸发法、阴极溅射镀膜法及加热喷涂法等。表面金属涂层广泛用于加工制造热反射玻璃、膜层导电玻璃、保温瓶胆、玻璃器皿和装饰品。

第三节　各种装饰玻璃

随着科学技术的发展和建筑装饰业的进步，玻璃已由过去单一功能向多功能、安全性、环保性发展。装饰玻璃已成为现代装饰领域中一种不可缺少的重要材料。因为不同功能和色彩的玻璃可将我们的环境装饰得更加光亮、明快、绚丽。

一、钢化玻璃

钢化玻璃又称强化玻璃，是将普通平板玻璃加热到接近玻璃软化点的温度（600～650℃），以迅速冷却或用化学方法强化处理所得的玻璃加工制品。

玻璃经处理表面产生了均匀的压应力，增加了玻璃的机械强度和热稳定性，它的强度是经过良好退火处理的玻璃的3～10倍，抗冲击性能也大大提高。钢化玻璃破碎时出现网状裂纹，或产生细小碎粒，呈圆角，不会伤人，故又称安全玻璃。钢化玻璃的耐热冲击性能很好，最大的安全工作温度为287.78℃，并能承受204.44℃的冷热温差。

钢化玻璃有普通钢化玻璃、钢化吸热玻璃、磨光钢化玻璃等品种。钢化玻璃制品有平面钢化玻璃、弯钢化玻璃、半钢化玻璃和区域钢化玻璃等。平面钢化玻璃广泛用于建筑工程的门窗、隔墙、幕墙以及汽车车窗玻璃等。

钢化玻璃不能切割、磨削，边角不能碰击，使用时需选择现成尺寸规格或提出具体设计图纸加工定做。此外，钢化玻璃在使用过程中严禁溅上火花，否则，当其再经受风压或振动时，伤痕将会逐渐扩展，导致破碎（图3－10和图3－11）。

钢化玻璃的厚度：4～19mm，最大尺寸：2400mm×6400mm。

图 3-10 钢化玻璃的耐热冲击性能很好

图 3-11 钢化玻璃破损会碎成颗粒（工程案例）

二、夹层玻璃

夹层玻璃是两片或多片玻璃之间夹有透明有机胶合层，经加热、加压、粘合而成的复合玻璃制品。它具有较高的强度，受到破坏时产生辐射状或同心圆形裂纹，碎片不易脱落，且不会影响透明度和产生折光现象。

夹层玻璃可用普通平板玻璃、磨光玻璃、浮法玻璃、钢化玻璃作原片，夹层材料常用的有聚乙烯醇缩丁醛（PVB）、聚氨酯（PU）、聚酯（PES）、丙烯酸酯类聚合物、聚醋酸乙烯酯及其共聚物、橡胶改性酚醛等。

夹层玻璃有平夹层玻璃和弯夹层玻璃两类产品，前者为普通型，后者为异型。原片厚度一般为2～6mm，夹层层数为2～8层。

夹层玻璃的品种很多，分述如下：

1. 减薄夹层玻璃

减薄夹层玻璃是采用厚度为1～2mm的薄玻璃和弹性胶片制成的。该产品重量轻，具有较高的机械强度及良好的能见度。

2. 遮阳夹层玻璃

遮阳夹层玻璃是在热反射或吸热玻璃之间夹入有色条带的膜片后制成。这种夹层玻璃可吸收一部分太阳光的辐射，减少日照量和眩光等，提高安全性与舒适性。

3. 电热夹层玻璃

电热夹层玻璃分三种类型：玻璃表面镀有透明导电薄膜；带有将硅酸盐银膏带条排列在玻璃表面，并通过加热粘结而成的线状电热丝；带有很细的压在夹层玻璃之间的金属丝电热元件。这种玻璃通电后可保持表面干燥，适用于寒冷地带交通运输车辆，有巨大采光口的建筑物、商店、橱窗、货摊、瞭望所等。

4. 防弹夹层玻璃

防弹夹层玻璃是由多层玻璃和胶片组成，主要用于特种车辆、珠宝店、银行、保险公司等金融系统的柜台隔断和门窗（图3－12）。

5. 纤维夹层玻璃

纤维夹层玻璃是在两层玻璃之间夹一层纤维而成。纤维夹层玻璃其整体性能有很大提高，耐冲击性和抗震性好，在外力作用时，破而不缺，裂而不散。纤维夹层玻璃具有良好的装饰效果，这种玻璃可以提供散射光照，可减少太阳辐射，为非透视材料。它还可用于装饰构造的地面及台阶，也可装镶窗户、天窗、公共建筑的隔断墙等（图3－13）。

6. 报警夹层玻璃

报警夹层玻璃是在层压安全玻璃内部放置优质的银金属丝。如果玻璃被击穿，或受到严重的变形影响，这些金属丝中的一根断裂，就会引起电路中断，发出警报信号。如果玻璃被破坏，玻璃的导电能力就丧失了。因此，连接电缆的位置要精心考虑和布置，为防止排水受阻或导电线路受潮，最好把闭合回路安在顶部。报警夹层玻璃主要用于珠宝店、银行、计算机中心和其他有特别要求的建筑物上。

7. 防紫外线夹层玻璃

防紫外线夹层玻璃由一块或多块玻璃及一层或多层防紫外线的PVB胶片组成。这种玻璃可以滤去99%的紫外线，能有效地阻隔紫外线的辐射，多用于博物馆、科技馆、美术馆等场所的门窗及展台上。

8. 隔声玻璃

隔声玻璃是在两片玻璃间加入能承受大负荷重量的薄胶片，用它把玻璃粘合起来，成为具有良好隔声效果的复合单元，其总厚度约为20mm，隔声值可达38dB。如再给其充气，效果更加理想，一般可达到5级甚至6级隔声效果。

夹层玻璃的中间是有机夹层膜，当玻璃温度超过70℃时会产生气泡，高温环境不能选用夹层玻璃。夹层玻璃边缘要做好产品的防护，玻璃边缘暴露在外或者使用有机清洁剂，都会导致玻璃产品的剥落和薄膜层的破坏。

三、中空玻璃

中空玻璃是由两层或两层以上平板玻璃构成，四周用高强度、高气密性复合粘合剂将玻璃与铝合金框或橡皮条、玻璃条粘结、密封，中间充入干燥空气或惰性气体，以获得优良的绝热性能。制造中空玻璃的原片除普通玻璃片外，还可以用钢化、压花、夹丝、吸热和热反射等玻璃，来相应地提高强度、装饰性和保温、绝热等功能。

中空玻璃的主要功能特点是：

1. 隔声性能　一般中空玻璃可降低噪声50dB左右，可从80dB降至30dB。

2. 隔热性能　中空玻璃中静止的气体层是热的不良导体，可有效地降低传热系数U值，如果用惰性气体作介质气体更可以降低U值。

3. 防结露性能　由于中空玻璃具有优良的隔热性能，可防止和减少内层玻璃上的结露，并保持室内的一定湿度。

中空玻璃有许多优良性能，因此国内外应用相当广泛。一些欧洲国家还规定所有建筑物必须全部采用中空玻璃，禁止普通玻璃作窗玻璃。近年来，随着人们对建筑节能重要性认识的提高，中空玻璃的应用在我国也日益受到重视。中空玻璃一般可用于高级住宅、饭店、宾馆、写字楼、商场、医院、学校等需要室内空调的场合（图3－14），也可以用于汽车、火车、轮船的门窗及

图3-12　用于银行的防弹夹层玻璃

图3-13　地面纤维夹层玻璃架空层（工程案例）

冰柜玻璃等处。有色中空玻璃，主要用于有一定要求的建筑物等公共空间。特种中空玻璃可根据设计要求来使用，如防阳光中空玻璃与热反射中空玻璃多用在热带地区的建筑物，低辐射中空玻璃多用在寒冷地区等。钢化中空玻璃、夹丝中空玻璃，则以安全为主要目的，多用于玻璃幕墙、采光天棚等处。中空玻璃最大规格尺寸为2500mm×3500mm。

四、热反射玻璃

热反射玻璃是既有较好的热反射能力，又保持了平板玻璃良好的透光性能的一种高级装饰玻璃。由于其高反射能力是通过在玻璃表面涂敷金属或金属氧化物薄膜来实现的，所以也称镀膜玻璃。镀膜的方法有热解法、真空溅射法、化学浸渍法、气相沉积法、电浮法等。热反射玻璃具有以下特性：

1. 较强的热反射性能

它的表面膜层能够有效地反射太阳光线辐射（包括红外光线），热反射率可达20%～40%，而普通平板玻璃热反射率为7%～10%。它能将周围环境中的景象映射在玻璃表面并与之融为一体（图3－15）。

2. 良好的隔热性能

能遮蔽阳光，透过热量系数、热透过率较低。因此在日照时室内的光线显得特别柔和，使人感到清凉舒适。

3. 单向透视性

热反射玻璃的迎光正面具有类似镜子的映像功能，但其背面又有透视效果。白天，人们对安装着镜面玻璃的幕墙望去，则能看到人的走动和街景，而夜晚，室内有灯光，室内则看不见室外景象，给人以不受外界干扰的感觉，但此时从室外向室内看，室内情景一目了然，若为娱乐场所或展示场所，颇具吸引作用。

热反射玻璃由于它具有优良的绝热性能和装饰性能，主要应用于高层建筑的幕墙、建筑物的门窗和各种艺术装饰。热反射玻璃具有金、银、灰、茶等深浅不同的各种颜色，最大规格尺寸为2540mm×4200mm，厚度为3～19mm。

五、吸热玻璃

既能保持较高的透光率，又能吸收大量红外辐射的玻璃称为吸热玻璃。

吸热玻璃的生产是在普通钠钙硅酸盐玻璃中加入着色氧化物，如氧化铁、氧化镍、氧化钴以及氧化硒等；或在玻璃表面喷涂氧化锡、氧化钴、氧化铁等有色氧化物薄膜，使玻璃带色，并具有较高的吸热性能。

吸热玻璃具有如下特点：

1. 吸收太阳的辐射热。吸热玻璃的颜色和厚度不同，对太阳的辐射热吸收程度也不同。6mm厚的蓝色吸

图3-14 中空玻璃窗

图3-15 建筑外立面的热反射玻璃

图3-16 用于服务区的吸热玻璃（工程案例）

图3-17 各种颜色的吸热玻璃

图3-18 凹凸不平的压花玻璃

收玻璃能挡住50%左右的太阳辐射热。

2. 吸收太阳可见光。吸热玻璃比普通玻璃吸收可见光的能力要大得多，因此能使刺目耀眼的阳光变得柔和，即能减弱射入光线的强度，起到防眩的作用。

3. 具有一定透明度，能清晰地观察室外景物。

4. 吸收紫外线。

5. 色泽经久不衰，能保持建筑物美观。

目前，吸热玻璃已广泛用于现代化的建筑物，适用于避免太阳光辐射的炎热地区，需设置空调及避免眩光的建筑物门窗或外墙体及火车、汽车、轮船等，起隔热、调节空气和防眩作用。

吸热玻璃的颜色一般有灰色、金色、蓝色、绿色、古铜色、青铜色、粉红色、茶色、棕色等。按成分可分为硅酸盐吸热玻璃、磷酸盐吸热玻璃、光致变色玻璃与镀膜玻璃等（图3－16和图3－17）。

六、花纹玻璃

常见的花纹玻璃有压花玻璃、雕花玻璃、印刷玻璃、冰花玻璃四种。

1. 压花玻璃

压花玻璃是将熔融的玻璃液在冷却的过程中，用带花纹图案的辊轴压延而成的。压花玻璃由于压花产生的凹凸不平，使光线照射玻璃时产生漫射而失去透视性，降低透光率，故它透光而不透视，可用于卫生间门窗、办公室的隔断等处，起到窗帘似的遮挡作用（图3－18和图3－19）。

压花玻璃除了有单面压花外，还有双面压花，表面花纹图案可随审美情趣选择，因其兼具使用和装饰功能，适用于宾馆、办公楼、医院等场所的装饰。

2. 雕花玻璃

雕花玻璃是指用机械加工或化学腐蚀的工艺，在普通平板玻璃的表面加工出各种晶莹剔透、层次分明的花型图案的玻璃（图3－20）。

雕花玻璃的表面图案丰富，立体感强，装饰效果好，被誉为“透明的画，立体的诗”。它的常用厚度为5mm、6mm、8mm、10mm、12mm等，广泛用于商场、宾馆、酒店、歌舞厅等商业和娱乐场所。

3. 喷花玻璃

喷花玻璃是在平板玻璃表面贴以花纹图案，抹以护面层，经喷砂处理而成，又称胶花玻璃（图3－21）。

图 3-19　凹凸不平的压花玻璃

图 3-20　雕花玻璃立体感强（工程案例）

图 3-21　喷花玻璃装饰墙（工程案例）

喷花玻璃透光而不透视，兼有使用功能和装饰效果，主要应用于玻璃屏风、家具桌面、隔断、门窗等。喷花玻璃的厚度一般为3mm、 5mm、8mm、10mm、12mm。

4. 冰花玻璃

冰花玻璃是将平板玻璃经特殊处理后，在玻璃的表面形成具有天然冰花纹理的一种玻璃。

冰花玻璃的加工工艺是在磨砂玻璃的毛面上均匀涂布一层薄骨胶溶液，经自然或人工干燥后，胶液因脱水收缩而龟裂，并从玻璃表面剥落，剥落时由于骨胶与玻璃表面粘结力的关系，可将部分薄层玻璃带下，从而使玻璃表面上形成许多不规则的冰花状图案。

冰花玻璃能惟妙惟肖地呈现北国的天然霜花景观，具有逼真的质感和立体效果，适用于宾馆、写字楼和居室的门窗、隔断上，清纯雅致，颇具艺术品位。

七、玻璃马赛克

玻璃马赛克是将玻璃原料用熔融法（压延法）或烧结法生产的边长不超过50mm的一种小规格的方形彩色饰面玻璃块。它一面光滑，另一面有槽纹，能与水泥很好地粘结在一起。它亦称玻璃纸皮砖。

玻璃马赛克具有如下特点：

1. 色泽绚丽、美观，玻璃马赛克的色彩丰富、光亮，表面晶莹闪烁，可由设计者的需要进行搭配组合成各种壁画、图案，强化装饰效果。

2. 质地坚硬，耐久性强，玻璃马赛克防火防腐、耐热耐寒、不易老化，且因表面光滑而不积灰尘，天雨自涤，经久常新。

3. 施工方便，玻璃马赛克的断面易吃灰，粘结较好，容易施工。因而减少材料的堆放，减轻了工人的劳动强度，施工效率也就随之提高。

玻璃马赛克可用于室内外墙面、地面的装饰。

八、其他装饰玻璃

1. 镜面玻璃

镜面玻璃是在玻璃表面镀有硝酸银或真空镀铝及有色膜等。用真空镀膜技术镀出的镜面玻璃膜层均匀，牢固耐久。镜面玻璃具有尺寸大，全反射物像不失真，耐潮耐腐耐磨损等优点，有多种色彩供选用，适用于家具、墙面、电梯轿箱内装饰等（图3－22）。

镜面玻璃厚度为3～8mm，规格尺寸为：（1000～2200）mm×（1200～3600）mm。

2. 彩色玻璃

彩色玻璃又称为有色玻璃或饰面玻璃。彩色玻璃分透明的和不透明的两种。透明的彩色玻璃是在玻璃原料中加入一定量的金属氧化物，按平板玻璃的生产工艺进行加工生产而成；不透明的彩色玻璃是用4～6mm厚的平板玻璃按照要求的尺寸切割成型，然后经过清洗、喷釉、烘烤、退火而成。

彩色玻璃的颜色有红、黄、蓝、黑、绿、乳白等十余种。

不透明的彩色玻璃又称为饰面玻璃。经过退火处理的饰面玻璃可以切割，经钢化处理的饰面玻璃不能切割。

彩色玻璃可拼成各种图案花纹，并有耐蚀、耐冲洗等优点，适用于建筑物内外墙和门窗等处装饰（图3－23）。

3. 彩绘玻璃

彩绘玻璃又称彩印装饰玻璃，是通过特殊的工艺过程，将绘画、摄影、装饰图案等直接绘制（印制）在玻璃上，彩色逼真，图案花纹的具象和抽象、规则和不规则，可根据不同的设计要求定制，既可单块玻璃呈完整图案，也可多块玻璃镶拼成组合图案。彩绘玻璃应用十分广泛，尤其用于现代室内的顶棚、隔断墙、屏风、落地门窗、玻璃走廊、楼梯等处装饰。与T形龙骨配合安装使用，在灯光的照射下，花纹图案绚丽多姿，美不胜收。

彩绘玻璃厚度一般为4～12mm，最大尺寸3600mm×2200mm。

4. 磨砂玻璃

磨砂玻璃又称为毛玻璃，它是将平板玻璃的表面经机械喷砂、手工研磨或用氢氟酸溶蚀等方法处理成均匀毛面而成。由于表面粗糙，只能透光而不能透视，能保持室内的私密度。磨砂玻璃表面为均匀的点状肌理，透过光线时产生漫射，而变得柔和，避免产生眩光。

磨砂玻璃多用于需要隐秘或不受干扰的房间，如浴室、卫生间和办公室的门窗等（图3－24和图3－25），也可用做黑板。

5. 镭射玻璃

镭射玻璃是一种十分绚丽的玻璃建筑装饰材料。它是以平板玻璃为基材，采用高稳定性的结构材料，经特殊工艺处理，从而构成全息光栅或其他图形的几何光栅。

镭射玻璃的特点在于，当它处于任何光源照射下时，都将因衍射作用而产生色彩的变化；而且，对于同一受光点或受光面而言，随着光源入射光角度及人的视

图3-22　蓝色镜面玻璃

图3-23　透明的彩色玻璃

图3-24　磨砂玻璃发光地台（工程案例）

图3-25 柔和的磨砂玻璃墙

图3-26 镭射玻璃有很好的视觉效果

图3-27 空心玻璃砖屏风（工程案例）

角的变化，所产生的光的色彩及图案也将不同。五光十色的变幻给人以华贵高雅、富丽堂皇和迷离神奇的感受，其装饰效果是其他材料无法比拟的（图3－26）。

6. 空心玻璃砖

空心玻璃砖是中空的玻璃单元。它们的生产包括：熔化一定量的玻璃，然后将其冷却至大约1200℃。接着，再铸模成壳状。每个块都需要两个外壳，它们被压在一起，然后对接触面重新加热，使其熔合在一起。进一步冷却会在这个密封的内部空间内产生大约30%的部分真空以及一个很大的负压，在完整无缺的块体内是不可能发生冷凝的。空心玻璃砖的形状有正方形、矩形以及各种异型产品。其规格一般以115mm、145mm、190mm、240mm、300mm的较多，厚度有80mm和100mm两种。空心玻璃砖用的玻璃可以是光面的，也可以是在内部压铸成带各种花纹或颜色的。

双腔空心玻璃砖，是在两个凹形砖之间有一层玻璃纤维网，从而形成两个空气腔，具有更好的绝热、隔声性能。

玻璃砖主要砌筑透光的墙体、建筑物非承重外隔墙、淋浴隔断、门厅、通道等，尤其适用于高级建筑、体育馆作控制透光、眩光和太阳光的场合。

空心玻璃砖具有抗压强度高、耐急热急冷性能好、采光性好、耐磨、耐热、隔声、隔热、防火、耐水及耐酸碱腐蚀等多种优良性能，因而是一种理想的装饰材料（图3－27和图3－28）。

7. 微晶玻璃

微晶玻璃又称玻璃陶瓷、玻璃石材，是由晶相和残余玻璃相组成的质地致密、均匀的多相材料制成的。它在制造过程中把特殊成分的玻璃材料加热到1000～1200℃时，玻璃中产生出许多微粒结晶体，由此得名。

微晶玻璃具有优良特性，机械强度高，导电率低，力学性能好，碰不破，砸不碎；玻璃表面具有天然石材质感，质地密实，没有色差；着色性强且色泽美观，耐酸碱，不磨损。它是集装饰玻璃、天然石材、金属板材优点为一体的高级装饰材料。

微晶玻璃适用于高档宾馆、饭店、商店、科技馆的室内外墙柱面、地面装饰，还可作隔断、吊顶材料。微晶玻璃具有微弱的透光性，作灯片使用会给装饰面产生梦幻效果。

8. 变色玻璃

变色玻璃又称光敏玻璃、光致变色玻璃，是一种能随光线变化而变化自身颜色的玻璃。它是在玻璃基料中加入感光剂卤化银或在玻璃与有机夹层中加入钼和钨的感光化合物，而获得光致变色特性的玻璃。光致变色玻璃受太阳或其他光线照射时，颜色随着光线的增强而逐渐变暗。

光致变色玻璃的应用已从眼镜镜片向交通、医学、摄影、通讯和建筑领域发展。光致变色玻璃保温隔热性能良好，可做单层窗面装饰，用于高级建筑物。这种玻璃能够自动控制进入室内的太阳辐射能，改善室内的自然采光条件。

9. 镶嵌玻璃

镶嵌玻璃是由许多经过精致加工的小片异型玻璃，用晶亮的金属条分格镶嵌成一幅美丽图案的玻璃，用以装饰建筑物的门、窗和屏风等。镶嵌玻璃给人一种富丽堂皇的感受，并具有隔热、隔声、保温的功能（图3－29）。

10. 热弯玻璃

平板玻璃是可以被弯曲的。为做到这一点，玻璃必须被加热并超过它的软化点，即玻璃从固体状态转变为"软的"状态（640℃）。"柔软的"玻璃在模具中成型，然后退火冷却，以消除残余应力。还必须考虑弯曲过程产生的弯曲误差，它因玻璃的不同尺寸、形状和厚度等而不同（图3－30）。

热弯玻璃可以正常冷却，或者接着对它们进行预压。同样，弯曲玻璃可以用于层压（安全）玻璃。

设计选用热弯玻璃时，应当向玻璃制造商询问可提供的玻璃尺寸规格，其主要受生产窑的形状制约。长度、宽度、弯曲半径和拱高等都是关键问题（后两者涉及内部和外部的表面）。由于它们的形状，弯曲玻璃比平板玻璃的灵活性要差，因此在热弯玻璃的框架施工时应当留有弯曲误差的空间。

图3-28 空心玻璃砖墙

图3-29 美丽图案的镶嵌玻璃

图3-30 办公室热弯玻璃隔断（工程案例）

第四章

装饰陶瓷

第一节　陶瓷的分类及特点

第二节　陶瓷的原料及生产

第三节　装饰墙地砖

陶瓷是陶器和瓷器两大类产品的总称。凡是以特种黏土为主要原料，经配料、制坯、干燥、焙烧而制成的成品称为陶瓷制品，用于建筑工程的陶瓷制品则称为建筑陶瓷。

中国是陶瓷的古国，陶瓷生产历史悠久，成就辉煌，为人类的文明和发展作出了巨大的贡献。

21世纪的今天，随着现代工业化高科技的发展，瓷砖的生产技术，在彩色坯体与釉面质感、材料品质上，已经远远超过人类历史上各阶段创作之总和。建筑陶瓷工业的发展，从过去传统的土窑，到今天各种不同的电脑温控烧成的高科技辊道窑、隧道窑、梭子窑等，同时也创造出了众多不同特色的产品。这其中，又以意大利的精致玻化砖、时尚釉面砖，西班牙的怀旧复古砖，中国大尺寸、大产量的玻化砖与日本小尺寸的内外墙砖闻名于世界建筑陶瓷业界。

第一节　陶瓷的分类及特点

一、陶瓷制品的分类

陶瓷是陶器和瓷器两大类产品的总称。陶器是以陶土、河砂等为主要原料，经低温烧制而成的，通常有一定吸水率，断面粗糙无光，不透明，敲之声音粗哑，有的无釉、有的施釉。瓷器是以磨细的岩石粉，如瓷土粉、长石粉、石英粉为主要原料，经高温烧制而成。瓷器的坯体致密，基本上不吸水，有一定的透明性，通常都施以釉层。而介于陶器与瓷器之间的一类产品，通称炻器，也可称半瓷器。炻器与陶器的区别在于陶器坯体是多孔的，而炻器坯体的气孔率很低，其坯体致密，达到了烧结程度，吸水率通常小于8%。炻器与瓷器的区别主要是炻器坯体多数都带有颜色，且无半透明性。

1. 陶质制品

陶器分为粗陶和精陶两种。粗陶的坯料由含杂质较多的砂、土组成，建筑上常用的砖、瓦及陶管等均属于这一类产品（图4－1和图4－2）。精陶指坯体呈白色或象牙色的多孔制品，多以塑性黏土、高岭土、长石和石英等为原料。精陶通常要由素烧和釉烧两次烧成，建筑上常用的釉面砖等就属于精陶（图4－3和图4－6）。因用途不同，精陶制品可分为建筑精陶、日用精陶和美术精陶。

2. 瓷质制品

瓷质制品结构致密，基本不吸水，色洁白，强度高，耐磨，具有半透明性，表面通常施釉。瓷质制品也分为粗瓷和细瓷，用餐茶具、陈设瓷、工业用电瓷及美

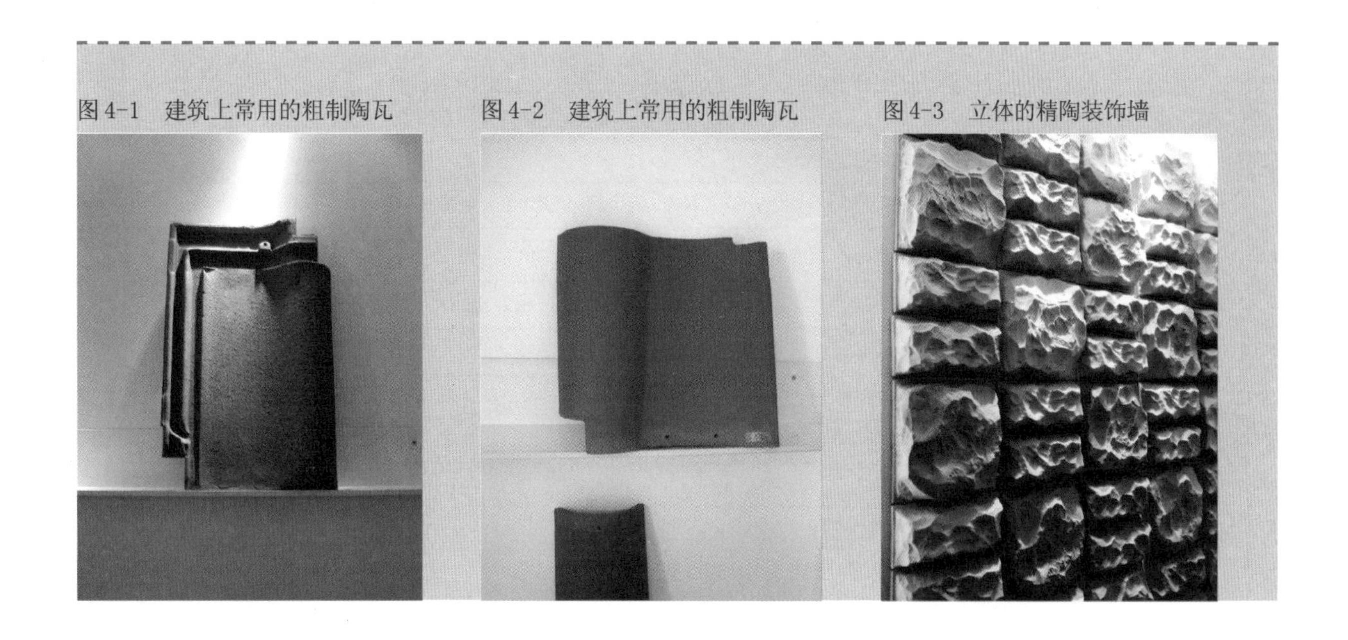

图 4-1　建筑上常用的粗制陶瓦　　图 4-2　建筑上常用的粗制陶瓦　　图 4-3　立体的精陶装饰墙

图 4-4　立体的精陶装饰墙

图 4-5　装饰陶柱

图 4-6　建筑立方陶及其固定方式

术用品等均属于瓷质制品（图4－7）。

3. 炻质制品

炻质制品的特性介于陶质制品与瓷质制品之间，又称半瓷，我国传统称为石胎瓷。

炻器按其坯体是否细密、均匀及粗糙程度分为粗炻器和细炻器两大类。建筑装饰用的外墙砖、地砖以及耐酸化工陶瓷等均属于粗炻器。日用炻器及陈设品，如我国著名的宜兴紫砂陶即是一种无釉细炻器。炻器的机械强度和热稳定性均优于瓷器，且成本较低。陶瓷制品的分类见表4－1。

二、陶瓷制品的特点

实际上，陶器、瓷器、炻器的原料和制品性能的变化特点是连续和相互交错的，很难有明确的区分界限。陶瓷制品的特点见表4－2。

表 4-1　陶瓷制品的分类

分类法	类　别	品　种　举　例
按结构与性能分类	粗陶	日用缸、砖、瓦
	精陶	日用器皿、彩陶、卫生陶瓷、装饰釉面砖
	炻器	缸器、外墙砖、锦砖(马赛克)、地砖、日用器皿、化工及电器工业用品
	瓷器	日用餐茶具、陈设瓷、电瓷、美术用品、装饰墙地砖、锦砖、卫生洁具
	特种瓷	金属陶瓷、磁性瓷、钛质瓷、氧化物瓷
按功能分类	卫生陶瓷	洁具、便器、容器
	釉面砖	白色或装饰釉面砖、瓷砖画、瓷砖
	墙地砖	地砖、锦砖(马赛克)
	园林陶瓷	景盆、花瓶
	古建筑陶瓷	琉璃瓦、琉璃装饰、琉璃制品

表4-2　各类陶瓷制品的特点

名　称		特　　点		主 要 制 品
		颜　色	吸水率(%)	
粗　陶		器带色	8～27	日用缸器、砖、瓦
粗陶瓷	石灰质	白色	18～22	日用器皿、建筑
	长石质	白色	9～12.5	日用器皿、建筑卫生器皿、釉面砖
炻器	粗　器 细　器	带白色 或白色	4～8<1	缸器、建筑用外墙砖、锦砖(马赛克)、地砖、日用器皿、化工及电器工业用品
瓷　器		白色	0.5	日用餐茶具、美术用品及高低压电瓷
粗细陶瓷	电子陶瓷 金属陶瓷	有导电性及电光性等硬度大、高韧性等		电子元器件等，如热敏、湿敏感、压敏元件，耐磨、耐高温及抗氧化材料，如火箭喷嘴

图4-7　瓷砖装饰壁画（工程案例）

图4-8　石英砂是常用的瘠性原料

第二节　陶瓷的原料及生产

一、陶瓷原料

陶瓷坯体的主要原料有可塑性原料、瘠性原料、熔剂型原料三大类。可塑性原料即黏土原料，它是陶瓷坯体的主体。瘠性原料可降低黏土的塑性，减少坯体的收缩，防止高温烧成时坯体变形。常用的瘠性原料有石英砂、熟料和瓷料。熔剂原料可降低烧成温度，它在高温下熔融后呈玻璃熔体，可熔解部分石英颗粒及高岭土的分解产物，并可粘结其他结晶相。常用的熔剂原料有长石、滑石以及钙、镁的碳酸盐等（图4－8）。

1. 黏土

黏土是由多种矿物组成的混合物，是由含长石类的岩石经长期风化而成，具可塑性，是陶瓷坯体生产的主要原料。黏土按习惯分类有四种并具有如下一些性质：

高岭土是最纯的黏土，可塑性低，烧后颜色从灰到白色。

黏性土为次生黏土，颗粒较细，可塑性好，含杂质较多。

瘠性黏土较坚硬，遇水不松散，可塑性小，不易成可塑泥团。

页岩性质与瘠性黏土相仿，但杂质较多，烧后呈灰、黄、棕、红等色。

2. 石英

石英是自然界分布很广的矿物，其主要成分是SiO2。石英在高温时发生晶型转变并产生体积膨胀，可以部分抵消坯体烧成时产生的收缩，同时，石英可提高釉面的耐磨性、硬度、透明度及化学稳定性。

3. 长石

长石在陶瓷生产中可作助熔剂，以降低陶瓷制品的烧成温度，也是釉料的主要原料。釉面砖坯体中一般引入少量长石。

4. 滑石

滑石的加入可改善釉层的弹性、热稳定性，加宽熔融的范围，也可使坯体中形成含镁玻璃，这种玻璃湿膨胀小，能防止后期龟裂。

5. 硅灰石

硅灰石是硅酸钙类矿物，热膨胀系数较低，硅灰石作为陶瓷制品坯料，加入制品后，能明显地改善坯体收缩、提高坯体强度和降低烧结温度。此外，它还可使釉面不会因气体析出而产生釉泡和气孔。

二、陶瓷的生产工艺

陶瓷制品的基本工艺流程大致如下：

1. 配料和配浆

按坯料要求配比将粉碎精制的原料加水细磨，淘选除去杂质和粗粒，精制成泥浆。

2. 成型与干燥

根据坯料含水量多少，成型方法有干法、半干法和湿法。如按工艺划分，有脱模法、挤出法、压制法、旋坯法。

脱模法是采用模具，将泥浆置于其中，硬化后脱模成型。挤出法是将可塑性坯料从挤出机的定型孔中挤出，按一定尺寸切断。压制法是将挤出的坯料再用模型压制。旋坯法是用辘轳机旋转切割制成形状对称的坯料。

坯体要干燥到一定含水率之后才能装窑，干燥的好坏影响制品的质量，有人工干燥和自然干燥两种方法。人工干燥一般用烧成窑的余热烘干；自然干燥先阴干，再晒干。

3. 烧成与上釉

干燥好的坯体可着手烧成，按预热、烧成、冷却过程进行。

有的制品在坯体成型、干燥后即上釉，烧成后即为制品。有的制品则在坯体成型、干燥后先素烧，然后上

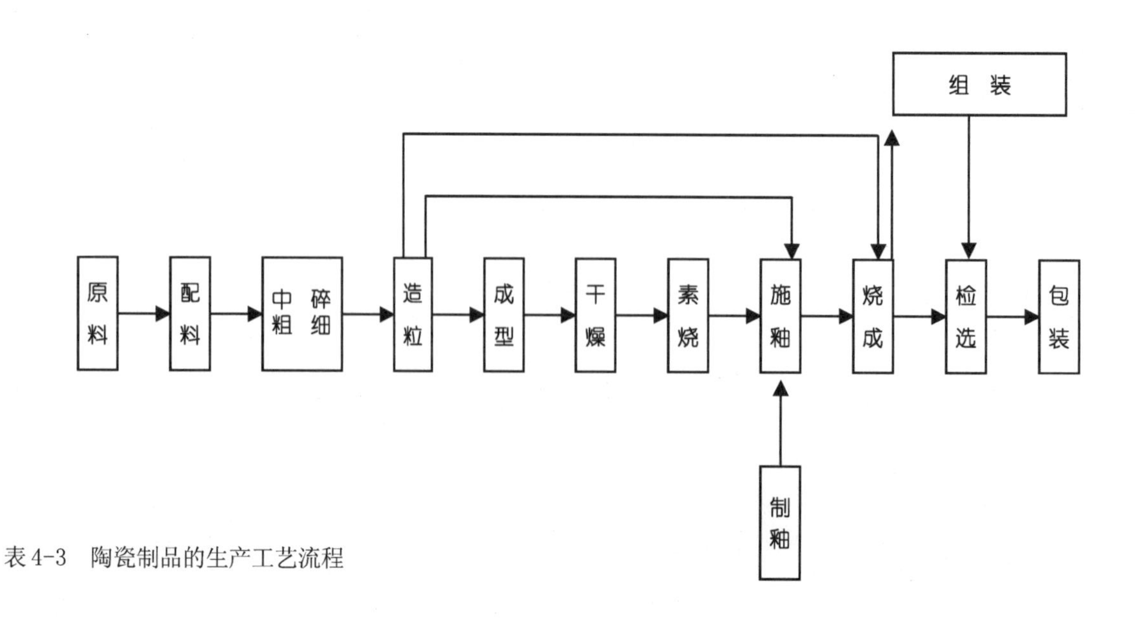

表4-3　陶瓷制品的生产工艺流程

釉再烧成。陶瓷制品的生产工艺流程见表4－3。

三、陶瓷的表面装饰

陶瓷坯体表面粗糙，易玷污，装饰效果差。采用工艺手段在陶瓷表面进行装饰加工，一方面可提高制品表面的装饰美观效果，另一方面改善了陶瓷制品表面的机械强度、耐磨性、抗渗性、耐腐性等性能，起到对实体的保护作用。最常见的陶瓷表面装饰工艺是施釉面层、彩绘、饰金等。

1. 施釉

釉面层是由石英、长石、高岭土等为主要原料制成浆体，喷涂于陶瓷坯体表面，再经高温烧成的连续玻璃质层，具有类似于玻璃的某些物理与化学性质，但釉毕竟不同于玻璃，它的微观组织结构和化学组成的均匀性都比玻璃的差。

釉面层可以改善陶瓷制品的表面性能并提高其力学强度。施釉面层的陶瓷制品表面平滑，有光泽而且透明，不吸湿，不透气，易于清洗，形成的肌理及色彩增强了制品的艺术效果（图4－9）。

图4-9　施釉面层易于清洗

釉的成分较复杂，种类繁多，按坯体种类，可分为瓷器釉、陶器釉、炻器釉；按化学组成，可分为长石釉、石灰釉、滑石釉、混合釉、铅釉、硼釉、铅硼釉、食盐釉及土釉；按烧成温度，可分为易熔釉（1100℃以下）、中温釉（1100～1250℃）、高温釉（1250℃以上）；按制备方法，可分为生料釉、熔块釉；按外表特征分类有透明釉、乳浊釉、有色釉、光亮釉、无光釉、结晶釉、砂金釉、碎纹釉、珠光釉、花釉、流动釉等。

施釉的方法有涂釉、浇釉、浸釉、喷釉、筛釉等。

2. 彩绘装饰

在陶瓷制品表面用彩料绘制图案花纹是陶瓷的传统装饰方法。陶瓷表面彩绘有釉下彩绘和釉上彩绘之分。

（1）釉下彩

釉下彩是在陶瓷生坯或已素烧过的坯体上进行彩绘，然后覆盖一层透明釉，烧制而成的即为釉下彩。

彩料受到表面透明釉层的隔离保护，使彩绘图案不会磨损，彩料中对人体有害的金属盐类也不会溶出。由于绘制的陶瓷颜料要经高温烧制，对它耐高温的稳定性能要求高，彩料颜色种类有限，基本上用手工彩画，限制了它在陶瓷制品中的广泛应用。

（2）釉上彩

釉上彩绘是在烧好的陶瓷釉上用低温彩料绘制图案花纹，然后在较低温度（600～900℃）下彩烧而成。由于彩烧温度低，故使用颜料比釉下彩绘多，色调极其丰富。同时，釉上彩绘在高强度陶瓷体上进行，因此除手工绘画外，还可以用贴花、喷花、刷花等方法绘制，生产效率高，成本低廉，能工业化大批量生产。

但釉上彩易磨损，表面有彩绘凸出感觉，光滑性差，且易发生彩料中的铅被酸所溶出而引起铅中毒。

3. 贵金属装饰

用金、银、铂或钯等贵金属装饰在陶瓷表面釉上，这种方法仅限于一些高级精细制品。金装饰陶瓷有亮金、磨光金和腐蚀金等。亮金装饰金膜厚度只有0.5um，这种金膜容易磨损。磨光金层的含金量较高，比较经久耐用。腐蚀金装饰是在釉面用稀氢氟酸溶液涂刷无柏油的釉面部分，使之表面釉层被腐蚀。表面涂一层磨光金彩料，烧制后抛光，能形成亮金面与无光金面相互衬托的艺术效果（图4－10）。

4. 裂纹釉饰

裂纹釉饰是用比其坯体热膨胀系数大的釉，焙烧后使制品迅速冷却，可使陶瓷釉面产生自然裂纹，可以得到一种特殊的肌理装饰效果。常见的形态有鱼子纹、冰裂纹、蟹爪纹、牛毛纹等（图4－11）。

5. 流动釉饰

流动釉饰是指在陶瓷坯体表面施以易熔的釉料，达到烧成温度时再将其过烧，以造成因过烧而使釉料沿坯体表面向下流动，形成一种活泼自然的艺术条纹的釉饰效果。

第三节　装饰墙地砖

一、釉面砖

瓷砖正面挂釉，所以称为釉面砖，是用瓷土或优质陶土煅烧而成。表面挂釉可获得各种色彩；氧化钛、氧化钴、氧化铜等色彩成分经高温锻烧，颜色稳定，经久不变。其主要用于建筑物内墙饰面，又称为内墙面砖。

1. 釉面砖的种类和特点

釉面砖按釉面色彩分为单色、花色和图案砖等。其具体种类如下：

（1）白色釉面砖：色纯白，釉面光亮，镶于室内墙上，清洁大方，多用于浴室、厕所和厨房的墙面。

（2）有光彩色釉面砖：釉面光亮晶莹，色彩丰富雅致，常用于建筑物内墙装饰。

（3）无光彩色釉面砖：釉面半无光，不晃眼，色泽一致，色调柔和（图4－12）。

（4）花釉面砖：是在同一砖上，施以多种彩釉，经高温烧成。色釉互相渗透，花纹千姿百态，有良好的装饰效果。

（5）结晶釉面砖：釉面晶花辉映，纹理多姿。

（6）斑纹釉面砖：斑纹釉面美观大方，丰富多彩。

（7）大理石釉面砖：具有天然大理石的花纹，颜色丰富，纹理美观。

（8）白地图案釉面砖：是在白色釉面砖上，装饰各种彩色图案，经高温烧成，纹理清晰，色彩明朗，清洁优美。

（9）彩色图案釉面砖：是在有光或无光彩色釉面砖上，装饰各种图案，经高温烧成，具有浮雕、缎光、绒毛、彩漆等效果，做内墙饰面，别具风格。

图4-10　金属装饰瓷砖

图4-11　裂纹釉的肌理装饰效果

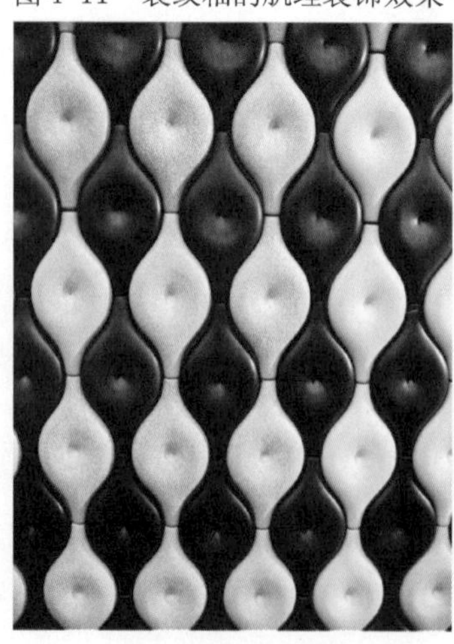

图4-12　无光釉面砖色调比较柔和

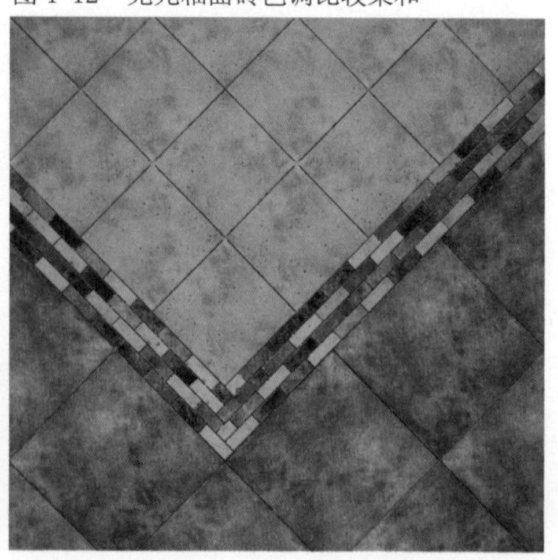

图 4-13　劈离砖多用于建筑物的内外墙

图 4-14　劈离砖多用于建筑物的内外墙

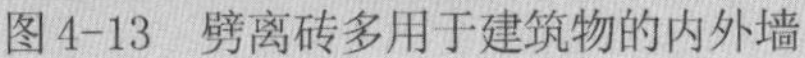

2. 釉面砖的规格

釉面砖的规格种类包括：四面光砖、一面圆、两面圆、阴三角砖、阳三角砖、阴角座砖、阳角座砖等。釉面砖常见的规格尺寸有108mm×108mm×5mm、152mm×152mm×5mm、152mm×76mm×5mm、100mm×100mm×5mm、200mm×300mm×6mm、300mm×300mm×6mm、450mm×300mm×6mm、500mm×300mm×8mm、600mm×300mm×8mm。

目前，釉面砖产品的规格趋向大而薄，彩色图案面砖的种类越来越多，正向着大尺寸、多功能、豪华型的方向发展。

二、墙地砖

墙地砖包括建筑室内外装饰贴面砖和室内外地面砖。由于目前这类砖的发展趋势墙地面两用，故称为墙地砖。随着建筑装饰业的不断发展，各种新型的墙地砖装饰材料不断出现，如陶瓷劈离砖、瓷质玻化砖、麻面砖、陶瓷艺术砖等。

1 .陶瓷劈离砖

劈离砖是近几年来开发的新型装饰材料品种，分彩釉和无釉两种，可用于建筑物的外墙、内墙、地面、台阶等部位。20世纪60年代初，劈离砖首先在德国兴起并得到发展。由于其制造工艺简单、能耗低、使用效果好，逐渐在欧洲各国流行（图4－13和图4－14）。

劈离砖又称劈裂砖，是将一定配比的原料，经粉碎、炼泥、真空格压成型、干燥、高温煅烧而成。由于成型时为双砖背连坯体，烧成后再劈裂成两块砖，故称劈离砖。

劈离砖的一般规格为：115mm×240mm×（11×2）mm、200mm×100mm×（11×2）mm、240mm×71mm×（11×2）mm、200mm×200mm×（14×2）mm、300mm×300mm×（14×2）mm。

劈离砖强度高，吸水率低，抗冻性强，防潮防腐，耐磨耐压，耐酸碱，防滑；色彩丰富，自然柔和，表面质感变幻多样，或清秀细腻，或浑厚粗犷；表面施釉者光泽晶莹，富丽堂皇；表面无釉者质朴典雅、大方，无反射眩光。劈离砖有较深的带倒勾的砂浆槽（又称燕尾槽），铺贴牢靠，特别在高层建筑物上具有更大的安全感。正是由于这些特点，使得劈离砖的推广受到世界上许多国家的重视。

图4-15　光滑、耐污抛光砖（工程案例）

图4-16　用于商场地面的玻化砖

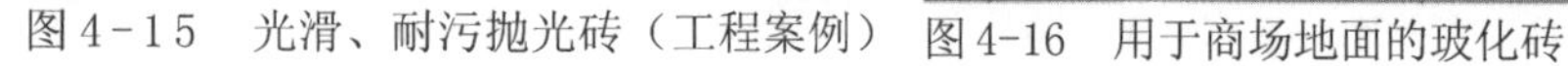

2. 抛光砖

抛光砖是用黏土和石材的粉末经压机压制，然后烧制而成，正面和反面色泽一致，不上釉料，烧好后，表面再经过抛光处理，这样正面就很光滑，很漂亮，背面是砖的本来面目（图4－15）。

抛光砖质地坚硬耐磨，适合在除洗手间、厨房以外的室内空间中使用。在运用渗花技术的基础上，抛光砖可以做出各种仿石、仿木效果，应用范围不断扩大。但是抛光砖易脏，这是因为抛光砖在抛光时留下的凹凸气孔造成的，这些气孔会藏污纳垢，以致抛光砖谈污色变，甚至一些茶水倒在抛光砖上都回天无力。也许大家意识到这点，在后来质量好的抛光砖在出厂时都加了一层防污层，装修界也有在施工前打上水蜡以防玷污的做法。

抛光砖的常用规格是400mm×400mm、500mm×500mm、600mm×600mm、800mm×800mm、900mm×900mm、1000mm×1000mm等等。

3. 玻化砖

玻化砖是坏料在1230℃以上的高温下，使砖中的熔融成分成玻璃态，具有玻璃般的亮丽质感的一种新型高级铺地砖，也有人称为瓷质玻化砖。我国上海斯米克建筑陶瓷有限公司生产的斯米克玻化砖,按照欧洲标准生产，有四大系列，100多个品种。如纯色系列、彩点系列、聚晶与梦幻系列、特殊用途的玻化砖系列，主要色系有白色、灰色、黑色、黄色、红色、绿色、蓝色、褐色等，主要规格有：200mm×200mm×20mm、300mm×300mm×30mm、400mm×400mm×40mm、500mm×500mm×50mm、600mm×600mm×60mm、800mm×800mm×80mm、1200mm×600mm×100mm、1200mm×1200mm×100mm。

玻化砖的特性有：

（1）低吸水率：吸水率小于0.1%，比欧洲标准及天然石材低5～30倍，长年使用，不变颜色，不留水迹，始终如新。

（2）高耐磨性：由于经高温烧制而成，质地密实坚硬，其耐磨性已超过天然石材（图4－16）。

（3）高强度：具有良好的抗折强度，施工使用时不易破损。

（4）耐酸碱：玻化砖耐酸碱性强，不留污渍，易于清洗。

（5）其他性能：玻化砖采用最尖端的造粒、渗透、玻化生产设备，以最先进的填料、布粉工艺为先导，其产品晶莹典雅、光泽悦目，不含任何对人体有害的放射元素，具有极好的防滑性，是高品质的环保型建材。

4. 彩胎砖

彩胎砖又称为通体砖，是一种本色无釉瓷质饰面砖，它采用仿天然岩石的彩色颗粒土原料混合配料，压制成多彩坯体后，经一次烧成表面呈多彩细花纹，富有天然花岗岩的纹点，有红、绿、黄、蓝、灰、棕等多种基色，多为浅色调，纹点细腻，质朴高雅。彩胎砖质地同花岗石一样坚硬、耐腐、耐磨，故又称仿花岗石瓷砖。

产品主要规格：200mm×200mm、300mm×300mm、400mm×400mm、500×500mm及600mm×600mm等。

彩胎砖表面有平面和浮雕型两种，又有麻面无光与磨光、抛光之分，吸水率小于1％，抗折强度大于27MPa。粗糙的表面防滑与耐磨性极好，特别适用于人流密度大的商场、剧院、宾馆、酒楼等公共场所铺地装饰，也可用于住宅厅堂墙、地面装饰。

磨光的彩胎砖表面晶莹泽润，高雅朴素，耐久性强，在室内外使用时不风化、不褪色，又称为同质砖。

5. 仿古砖

在装饰日益崇尚自然的风格中，古朴典雅的仿古墙地砖日益受到人们的喜爱。仿古墙地砖有多样的色彩变化，雅致幽静，或墨绿色，或咖啡色，还有橘红、陶红、白和黑等色，表面不像其他地砖光滑平整，视觉效果有以历史和自然为原型设计的凹凸花纹，有意无意间营造出了与泥坯相似的厚重和拙朴感，有很好的防滑性（图4－17和图4－18）。

仿古砖多用在酒店、酒吧等场所，古朴的风格与幽雅的环境相符合，其独特的装饰效果深受人们喜爱。

6. 金属釉面砖

金属釉面砖运用进口和国产金属釉料等特种原料烧制而成，是目前国内市场的领先产品。金属釉面砖有黑色与红色两大系列，主要有金灰色、古铜色、墨绿色、宝石蓝等多个品种。产品的光泽耐久、质地坚韧、网纹淳朴，赋予墙面静态的装饰美，且具有热稳定性、耐酸碱性、易洁性等良好的性能。

金属光泽釉面砖，是采用钛的化合物，以真空离子

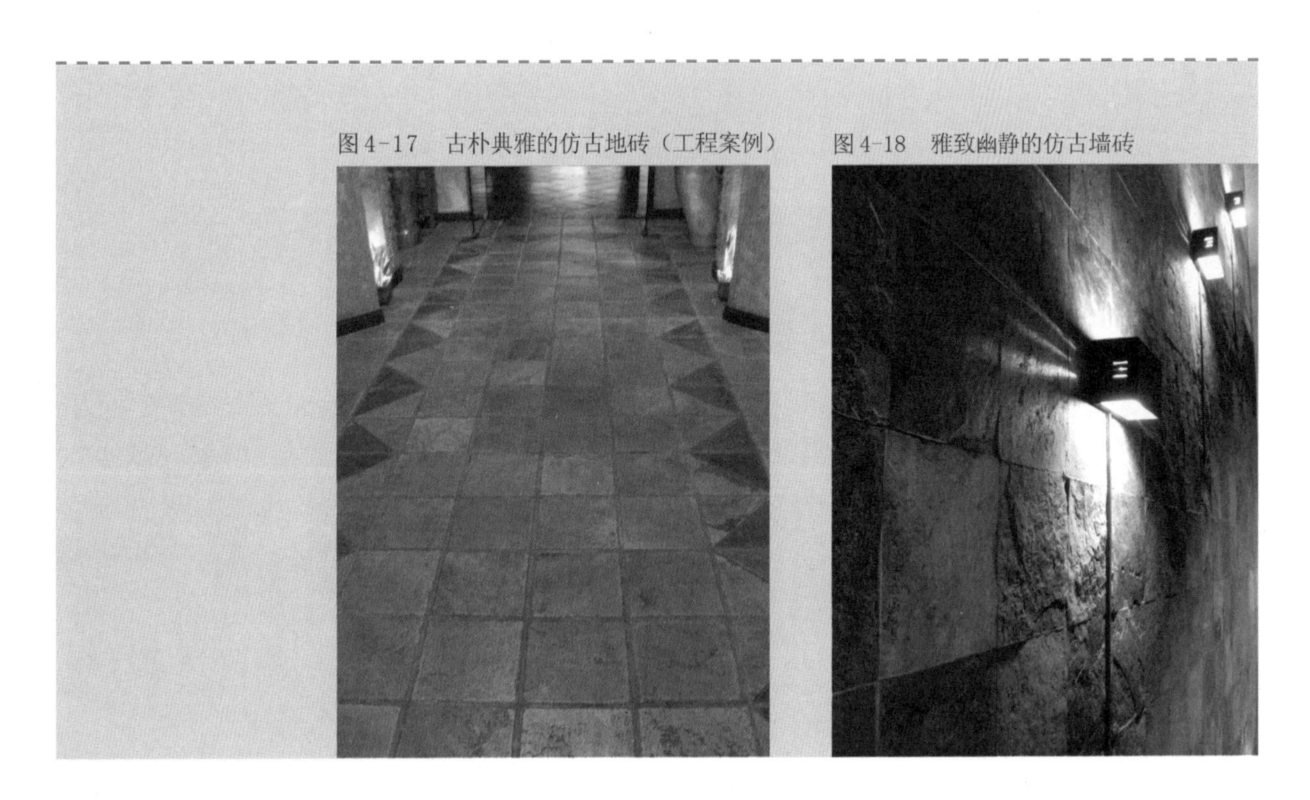

图4-17　古朴典雅的仿古地砖（工程案例）

图4-18　雅致幽静的仿古墙砖

溅射法将釉面砖表面处理成金黄、银白、蓝、黑等多种色彩，光泽灿烂辉煌，给人以色彩华丽、光彩闪烁的特殊视觉感受。这种面砖抗风化、耐腐蚀，历久长新，适用于商店柱面和门面的装饰。

三、晶莹闪烁的陶瓷锦砖

陶瓷锦砖又称为陶瓷马赛克（借用外来语Masaic的译音），是由若干小的片状瓷片（每片边长不大于50mm），具有多种色彩和不同形状的小块砖镶拼成各种花色图案的陶瓷制品。由于产品出厂时，已将带有花色图案的锦砖根据设计要求反贴在牛皮纸上，称作一联，每联305.5mm见方，每40联为一箱，每箱约3.75m^2，故陶瓷锦砖还有纸皮砖的俗称。

1. 陶瓷锦砖的特点及用途

（1）陶瓷锦砖的特点：陶瓷锦砖小片瓷质密实，质地坚硬，具有抗腐蚀、耐酸碱、耐磨、耐火、耐水、吸水率小、不脱色、色彩丰富、图案多样等特点，但遇到撞击有单体小片易从大片脱落的缺点。

（2）陶瓷锦砖的用途：陶瓷锦砖可用于墙地面装饰，但绝大部分用于装饰墙面，与外墙砖相比，其使用耐久，且砖体薄、自重较轻、造价也比釉面砖与外墙砖略低。陶瓷锦砖常用于工业与民用建筑的清洁车间、门厅、走廊、卫生间、厨房、餐厅、浴室、化验室等墙面，又可用于室内外游泳池、海洋馆的池底、池边沿及地面的铺设（图4－19～图4－21）。

2. 陶瓷锦砖的拼花图案

陶瓷锦砖单粒的形状、色彩及其拼花图案丰富多样。

3. 陶瓷锦砖的铺贴

（1）施工前的准备工作

a. 工具，除常用的抹灰工具外，还应有水平尺、靠尺、底尺、小木枋、翻板、硬木拍板、棉纱擦布、刷子、灰匙、胡桃钳、拨缝刀。

b. 绘制节点铺贴构造详图。首先明确墙角、墙垛、出檐、线条、窗台、窗樘节点的细部处理，并绘制铺贴构造详图，以保证各部位墙面完整。

c. 测量放线，做出标志。在铺贴外墙前，应在外墙阳角、前后墙及山墙中间，用大线锤吊线，检查外墙平整度，并在窗边作灰饼，作为控制找平层厚度的基准。在墙垛墙角处正面，用经纬仪测量，放上垂直中心线，以控制铺贴的宽度和垂直度。

（2）施工中应注意的几个问题

a. 施工前，应按照设计图案要求及图纸尺寸，核实

图 4-19　晶莹闪烁的陶瓷陶瓷锦砖

图 4-20　晶莹闪烁的陶瓷陶瓷锦砖

图 4-21　陶瓷锦砖拼装的兵马俑图案

图4-22　洁净、平整的陶瓷锦砖铺贴　　图4-23　洁净、平整的陶瓷锦砖铺贴

墙面实际尺寸，根据排砖模数和分格要求，绘制施工大样图，并加工好分格条。

b. 底层抹灰必须平整，阴阳角要垂直方正，抹完后划毛并浇水养护。

c. 外墙镶贴前，应对各窗心墙、砖垛等处事先测好中心线、水平线和阴阳角垂直线，对偏差大的应进行修补。

d. 抹底子灰后，在底子灰上弹水平线，在阴阳角、穿口处弹垂直线，以作为粘贴陶瓷锦砖时控制的标准线。

镶贴时应从下往上贴，缝对齐，分格缝应横平竖直。

镶贴完后，要把拍板靠放在已贴好的陶瓷锦砖上，用小锤敲击拍板，满敲一遍，使其粘结牢固。

粘贴48h后，起出分格线，大缝用1∶1水泥砂浆勾严，其他用素水泥浆擦缝。

（3）铺贴程序及方法

a. 基层清理。清理基层浮灰和残余砂浆，对大模板混凝土墙面和预制板等光滑基层，抹灰前应进行凿毛处理，用钢丝刷刷净后，用水冲洗，对油污的基层应用碱水刷洗，再用清水冲洗干净。

b. 抹底层灰。在清理后的基层上，湿润后用1∶3（体积比）水泥浆或混砂浆分层抹平。用靠尺找平，阴阳角方正、划毛、养护。

c. 弹分格线。根据设计要求和锦砖的规格尺寸进行弹线分格，以便按照陶瓷锦砖的图案要求顺序分别铺贴。

d. 抹粘结层。先湿润基层，抹一道素水泥浆，然后再抹1∶1∶5水泥浆，厚度3～4mm,随抹随用刮尺刮平，准备铺锦砖。

e. 铺贴。用双手拿住陶瓷锦砖，根据弹好的分格线和设计图案对号铺贴，纸面朝上。用15cm×30cm的平整木板拍实，使锦砖贴实压平，并刮去边缘缝隙渗出的砂浆。

f. 揭纸、拔缝。铺完一面墙或一个独立空间，待水泥初凝后，洒水湿纸，使纸湿透至颜色完全变深后即可将纸揭去，同时用灰刀或金属拔板调整弯扭的缝隙，使间距均匀。如有移动的小块砖粒应垫上木板轻轻拍压平实。未硬化的部位不得踏踩。

g. 擦缝。擦缝的目的不仅是为了美观，更重要的是使其粘结牢固，擦缝一般用棉纱蘸水泥浆，水泥浆宜用纸背面刮浆相同的水泥品种颜色。擦缝后的清理工作更重要，要用干净的棉纱将多余的水泥浆清除，单靠棉纱擦一遍擦不干净，再用清水冲洗表面，最后再用干净的棉纱将表面水分擦净。

h. 清洁。最后可用5%的稀盐酸和稀硫酸洗去灰浆痕迹，并用清水冲洗干净（图4－22和图4－23）。

第五章

装饰涂料

涂料是指敷于物体表面，与基本材料很好地结合形成完整而坚韧保护膜的物质，由于在物体表面结成干膜，故又称涂膜或涂层。

早期的涂料采用的主要原料是天然树脂和干性、半干性油，如松香、生漆、虫蛟、亚麻子油、桐油、豆油等，因此在很长一段时间，涂料被称作油漆，20世纪60年代以后，相继研制出以人工合成树脂和各种人工合成有机稀释剂为主，甚至以水为稀释剂的乳液型涂膜材料。油漆这一使用民间几千年的词已不能代表其确切的含义，故改称为“涂料”。我们用于建筑装饰领域的涂料称为装饰涂料。

装饰涂料与其他面材料相比具有质轻、色彩鲜明、附着力强、施工简便、省工省料、维修方便、质感丰富，价廉质好以及耐水、耐污染、耐老化等特点。

装饰涂料是当今产量最大、应用最广的装饰材料之一。装饰涂料品种繁多，据统计，我国的涂料已有100余种（图5－1～图5－4）。

近年来国内外都致力于发展多功能型、环保型建筑装饰涂料，如耐候性涂料，粉末涂料，防火涂料，防虫、防霉涂料，防锈、防腐蚀涂料，芳香型涂料，辐射固化涂料等等，并十分重视减少涂料中的有机挥发物（VOC），以“无公害（无污染）、省资源、省能源”为涂料生产的发展方向。

第一节　涂料的组成和类型

一、　涂料的组成

按涂料中各个成分所起的作用，可分为主要成膜物质、次要成膜物质和辅助成膜物质。

1. 主要成膜物质

涂料的主要成膜物质包括基料、胶剂和固着剂。它的作用是将涂料中的其他成分结合在一起，并能牢固地附着在基层表面，形成连续、均匀、坚韧的保护膜。主要成膜物质的性质，对形成涂膜的坚韧性、耐磨性、耐候性及化学稳定性等起着决定性作用。主要成膜物质一般为高分子化合物或成膜后能形成高分子化合物的有机物质。如合成树脂或天然树脂以及动植物油等。

（1）油料

在涂料中使用的油料多为植物油，按其能否干结成膜以及成膜的快慢，在涂料中应用的油料分为干性油、半干性油和不干性油三类。这些油料用来制造各种油类加工产品、清漆、色漆、油改性合成树脂以及作为增塑剂使用。其中，干性油可用作基料，少量的不干性油可用作辅助成膜物质中的增塑剂（图5－5）。

图 5-1　凹凸不平的装饰涂料

图 5-2　顶及墙面的乳胶漆饰面（工程案例）

图 5-3　富丽堂皇的金箔艺术饰面（工程案例）

图5-4　上海利星行奔驰展示中心马来漆墙面（工程案例）

图5-5　油性涂料的底漆层（工程案例）

（2）树脂

树脂按其形成过程的不同可分为天然树脂、人造树脂和合成树脂三类。天然树脂是指天然材料经处理制成的树脂，主要有松香、虫胶和沥青等；人造树脂是由有机高分子化合物经加工而制成的树脂，如硝化纤维、甘油醇等；合成树脂是化学工业的产品，如醇酸树脂、氨基树脂、丙烯酸树脂、环氧树脂等。其中合成树脂涂料是现代涂料工业中产量最大、品种最多、应用最广的涂料。

2. 次要成膜物质

次要成膜物质是指涂料中所用颜料和填料，它能提高涂膜的机械强度的抗老化性能，使涂膜有一定的遮盖能力和装饰性。但它不能离开主要成膜物质而单独构成涂膜。

（1）颜料

颜料是一种不溶于水、油、树脂的矿物或无机的粉状物质，能均匀地分散在涂料介质中，涂于物体表面形成色层。颜料在装饰涂料中不仅能使涂层具有一定的遮盖能力，增加涂层色彩，而且还能增强涂膜本身的强度。颜料还有防止紫外线穿透的作用，从而可以提高涂层的耐老性及耐候性（图5－6和图5－7）。

颜料品种很多，按它们的化学组成可分为有机颜料和无机颜料两大类；按它们的来源可分为天然颜料和人造颜料；按他们所起的作用可分为白色颜料、着色颜料和体质颜料。

（2）填料

填料又称为体质颜料。它们不具有遮盖力和着色力。填料主要能增加涂膜的厚度，加强涂膜体质，提高涂膜耐磨与耐腐性能，因而称之为体质原料。这类产品大部分是天然产品和工业上的副产品，价格便宜，可降低涂料成本。

在装饰涂料中常用的填料有粉料和粒料两大类。

3. 辅助成膜物质

（1）溶剂

溶剂又称稀释剂，是液态装饰涂料的主要成分，涂料涂刷到基层上以后溶剂蒸发，涂料逐渐干硬化，最终形成封闭均匀、连续的涂膜。溶剂与涂膜的形成及其质量、成本等有密切的关系。常用的溶剂有松香水、酒精、汽油、苯、二甲苯、丙醇等，这些有机溶剂都是容易挥发的有机物质，对人体有一定危害。乳胶型涂料而言，它是借助具有表面活性的乳化剂，以水为稀释剂，而不采用有机溶剂。

（2）辅助材料

为了改善涂料的性能，提高涂料的某些特性，诸如涂膜的干燥时间、柔韧性、抗氧化、抗紫外线作用、耐老化性能等，还常在涂料中加入一些辅助材料，辅助材料又称助剂，它们所掺的量很少，但种类很多，且作用显著，是改善涂料使用性能不可忽视的因素。常用的辅助材料有：增塑剂、催干剂、固化剂、抗氧剂、紫外线吸收剂、防霉剂、乳化剂以及特种涂料中的阻燃剂、防虫剂、芳香剂等。

二、装饰涂料的类型

1. 按主要成膜物质的化学成分分类

根据涂料的基料不同，化学成分不同，可分为无机类、有机类及无机有机复合型涂料。

（1）有机涂料

有机涂料可分为溶剂型、水溶性与乳胶三种涂料。

a. 溶剂型涂料

是以有机高分子合成树脂为主要成膜物质，有机溶剂为稀释剂，加入适量颜料、填料（体质颜料）及辅助材料，经研磨而成的涂料。溶剂型涂料涂膜细而坚韧，有一定的耐水性，它的施工温度常可低到零度，其缺点是有机溶剂易燃，挥发有害气体且价格昂贵，因此较少应用。

b. 水溶性涂料

是以水溶性合成树脂为主要成膜物质，以水为稀释剂，并加入少量颜料，填料及辅助材料，经研磨而成的涂料。由于水溶性树脂直接溶于水中，没有明显界面，所以这种涂料是单相的。它的耐水性较差，耐候性不强，耐擦洗性差，一般只用于内墙。

c. 乳胶涂料

乳胶涂料又称乳胶漆，是将合成树脂以有极细微粒子分散于水中构成乳液，以乳液为主要成膜物质并加入适量颜料、填料、辅助材料经研磨而成的涂料。由于合成树脂微粒和水之间存在明显界面，所以这种涂料是两相的。

（2）无机涂料

与有机涂料相比，无机涂料有如下一些优点：

a. 原料资源丰富，生产工艺较简单，价格较低，节约能源，环境污染程度小。

b. 结合力强，对基层处理要求不太严格。

c. 遮盖能力强，经久耐用，装饰效果好。

d. 有良好的温度适应性，阻燃，无毒。

e. 涂料性能好，适用用低温施工，碱金属硅酸盐系成膜温度最低的涂料，为-5℃左右。

f. 颜色均匀，保色性好。

（3）无机有机复合型涂料

无论是无机涂料还是有机涂料，本身都存在一定的使用限制。为克服各自缺点，出现了有机和无机材料复合而成的涂料。如聚乙烯醇水玻璃内墙涂料，就比聚乙烯醇有机涂料的耐水性好。此外，以硅溶胶、丙烯酸系列在耐候性方面更能适应气温的变化。

图 5-6　彩色内墙涂料

图 5-7　彩色内墙涂料

2. 按建筑物使用部位分类

按建筑物使用部位，可将涂料分为外墙建筑涂料、内墙建筑涂料、地面建筑涂料、顶棚涂料和屋面防水涂料等。

3.按使用功能分类

按使用功能，可将涂料分为防火涂料、防水涂料、保温涂料、闪光涂料、防腐涂料、抗静电涂料、彩幻涂料等。

第二节　内墙装饰涂料

内墙涂料的主要功能是装饰和保护室内墙面及顶面，使其美观整洁。内墙涂料应具有以下特点：

1. 内墙涂料应能满足业主对视觉艺术的不同需求，因而要求色彩品种丰富，质地平滑细腻，色调柔和（图5－8和图5－9）。

2. 耐碱、耐水洗、耐粉化。由于墙面多带有碱性，室内温度也较高，需耐碱；为保持内墙洁净，有时要擦洗，为此必须有一定的耐水、耐洗刷性；内墙涂料的脱粉，会给人情绪带来不快，故内墙涂料应具有良好的耐粉化性能。

3. 有良好的透气性和吸湿排湿性，在温度变化时不结露、不挂水。

4. 涂刷施工方便，可手工作业，也可机械喷涂。为保持室内的清新美观，内墙可能要多次粉刷翻修。因此，要求涂料产品利于施工，价格合理，重涂性好。

一、乳胶漆

1. 醋酸乙烯胶漆

醋酸乙烯胶漆是由聚醋乙烯乳液为主要成膜物质，加入适量的填料、颜料及各种助剂，经研磨或分散处理而制成的一种乳液涂料，具有无毒、无味、不燃、涂膜细腻平滑、透气性好、易于施工、价格适中等优点。但它的耐水性、耐碱性及耐候性不及其他共聚乳液，故仅适宜涂刷内墙（图5－10）。

2. 乙－丙有光乳胶漆

乙－丙有光乳胶漆是以乙－丙共聚乳液为主要成膜物质，掺于适量的颜料、填料及助剂，经过研磨或分散后配制而成的半光或有光内墙涂料。其耐水性、耐碱性、耐久性优于醋酸乙烯乳胶漆，并具有光泽，是一种中高档内墙装饰涂料。

3. 苯－丙乳胶漆内墙涂料

苯－丙乳胶漆涂料是由苯乙烯、丙烯酸酯、甲基丙烯酸等三元共聚乳液为主要成膜物质，掺入适量的颜料、少量的填料，经研磨、分散后配制而成的一种亚光的内墙涂料，耐碱、耐水、耐擦，也可用于外墙装饰。

二、聚乙烯醇类水溶性内墙涂料

1. 聚乙烯醇水玻璃涂料

聚乙烯醇水玻璃涂料是以水溶性树脂聚乙烯醇的水

图5-8　内墙涂料让室内墙面及顶面美观整洁（工程案例）

图5-9　内墙涂料让室内墙面及顶面美观整洁（工程案例）

图5-10　细腻平滑的乳胶漆饰面

图5-11　各种独特效果的内墙涂料

图5-12　各种独特效果的内墙涂料

图5-13　天然真石漆

溶液和水玻璃为胶结料，加入一定的体质颜料和少量助剂，以搅拌、研磨而成的水溶性涂料。这是国内生产较早、使用最普遍的一种内墙涂料，俗称“106”内墙涂料。

这种涂料无毒、无味、不燃，有一定的粘结力，涂膜干燥快，表面光洁平滑，不起粉，能形成一层类似无光漆的涂膜。

聚乙烯醇水玻璃涂料的品种有白色、奶白色、湖蓝色、果绿色、蛋青色、天蓝色等，适用于住宅、商店、医院、宾馆、剧场、学校等建筑的内墙装饰。

2. 聚乙烯醇半缩醛涂料

聚乙烯醇半缩醛涂料具有无毒、无味，干燥快，遮光力强，涂层光洁，在冬天较低温度下不易洁冻，涂刷方便，装饰性好、耐湿擦性好，墙面有较好的附着力等优点。

三、其他内墙装饰涂料

近年来，一些仿天然材料的涂料和绿色环保型涂料，以及其他具有独特效果的内墙涂料竞艳于涂料市场（图5－11和5－12）。其中有：

1. 膨胀珍珠岩喷涂料

它是一处粗质喷涂料，有类似小拉毛的效果，但质感比拉毛强，可拼花，喷出彩色图案，对基层要求低，遮盖力强。

2. 厚质布纹涂料

它是由高分子合成树脂、白色颜料和能构成纹理的天然石英骨料等材料组成，涂层附着牢固，具有优异的耐水性，可借助简单的工具加工成各种所需纹理，立体感很强。

3. 天然真石漆

它是以天然石材为原料，经特殊工艺加工而成的高级水溶性涂料，以防潮底漆和防水保护膜为配套产品，在室内外装修、工艺美术、城市雕塑上有广泛的使用前景，常在政府大楼、金融大厦、财税大楼、体育中心等需体现庄重豪华感的标志性建筑中使用（图5－13）。

天然真石漆具有阻燃、防水、环保三大优点，饰面有仿天然岩石效果，能使墙体装饰得典雅高贵、立体感强，顶棚饰面仿天然岩石也效果逼真，且施工简单，价格适中。

第三节　室内地面装饰涂料

地面装饰涂料的主要功能是装饰和保护室内地面、地板、使地面清洁美观。地面涂料应具有以下特点：耐碱性好、耐水性好、耐磨性好、抗冲击力强、与水泥砂

图5-14 用于水泥旧地面翻新HC-1地面涂料（工程案例）

图5-15 新型树脂水磨石地面（工程案例）

图 5-16 新型树脂水磨石地面（工程案例）

图 5-17 环氧树脂自流平地面涂料（工程案例）

浆等材料之间的粘结力强，并要求涂刷施工方便（图5－14～图5－17）。

地面涂料的种类很多，现将部分地面涂料的品种、特点、用途等技术性能列于表5－1中。

表 5-1　室内地面涂料

品种及特点	用途	技术性能
1．804 地板涂料 以环氧树脂等高分子材料加溶剂及颜料制成。 具有耐磨性好、粘结力强、干燥快、涂层表面光洁、能调多种颜色、施工方便等特点	适用于宾馆、招待所、医院、旅社、办公室、住宅的地板面以及内墙涂刷	干燥时间：表干 25～30min；实干 5h 抗冲击强度：50N/cm² 耐磨性：1000 次失重 0.049g 不透水性：20cm 水柱 15 昼夜不透水 黏度：常温≤80～90s
2．777 地面涂层材料 以水溶性高分子聚合物胶为基料与特制填料、颜料制成。分为 A、 B、 C 三级组分。A 组分强度 32.5 的水泥，B 组分色浆；C 组分面层罩光涂料。它具有无毒、不燃、经济、安全、干燥快、施工方便、经久耐用等特点	用于公共建筑、住宅建筑，以及一般实验室、办公室水泥地面的装饰	耐磨性：0.006g/cm² 粘结强度：0.25MPa 抗冲击性：50N/cm² 耐水性：20℃7d 无变化 耐热性：100℃1h 无变化
3．HC-1 地面涂料 以聚醋酸乙烯酯为基料，加无机颜料、各种助剂、石英粉、水泥组成、是水性聚合物水泥涂料。 具有无毒、不燃、干燥快、粘结力强、耐磨、有弹性感、装饰效果好、施工方便等特点	适用于民用及其他建筑地面，可以代替水磨石和塑料地面，特别适用于水泥旧地面翻新	流动性：9-11S 粘结强度：＞3MPa 耐磨性：半年试件＜5mg 抗冲击性：＞50N/cm² 耐水性：浸水 72h 不起泡、不脱皮 耐热性：100℃4h 不起泡、不开裂 耐灼烧性：烟头灼烧不变色、不起泡 涂层外观：平整光滑，颜色均匀

4．苯丙地面涂料 以苯乙烯－丙烯酸树脂乳液为基料，加入填料、颜料以及其他助剂加工而成。具有无毒、不燃、耐水、耐碱、耐酸、耐冲洗、干燥快、光泽好、强度高、施工方便等特点	适用于各种公共建筑和民用住宅的地面装饰	耐水性：浸水 1000h 无变化 耐碱性：$Ca(OH)_2$溶液 1000h 无变化 耐酸性：5%HCL 300h 无变化 耐热性：80℃ 8h 无变化 粘结强度：>1.3 MPa 涂膜干燥时间：2h 贮存稳定性：6 个月不变质
5．聚乙烯醇缩丁醛地面涂料 具有成膜性、粘结力强、漆膜柔韧、无反射光、耐磨、耐晒、防水、耐酸、耐碱等特点	适用于各种公共建筑和民用住宅的地面装饰	吸水率：24h 0.97% 抗冲击强度：50N/cm^2 附着力：1 级 耐热性：(85℃±2) ℃ 8h 无流淌、起皮、起泡 耐静水压抗渗：20cm 水柱 20d 水底漆膜无变化、未渗透
6．过氯乙烯地面涂料 具有耐老化和防水性能，漆膜干燥速度快，有一定的抗冲击、硬度、附着力和耐磨性，色彩丰富，漆膜干燥后无刺激气味等特点	适用于住宅建筑、物理实验室等水泥地面的装饰	干燥时间：表干 30～60min；实干 70–180min 遮盖量：<130g /m^2 耐磨性：60r/min 1000r<0.03g 附着力：1 级 抗冲击强度：>35N/cm^2
7．H80 环氧地面涂料 改性胺固化的环氧树脂涂料。具有良好耐腐蚀性能，耐磨、耐油、耐水、耐热、不起尘、施工操作简单、装饰美观等特点	适用于工业与公共建筑中有耐磨、防尘、耐酸、耐碱、耐水等要求的工程项目	干燥时间：表干 2～4h 实干 24h 附着力：1 级 抗冲击强度：50N/cm^2 弹性：1mm 固体份：(70±2) %
8．聚氨脂弹性地面涂料 有较高强度和弹性，良好的粘结力，涂铺地面光洁不滑、弹性好、耐磨、耐压、行走舒适，不积尘，易清扫，可代替地毯使用，施工简单等优点	适用会议室、图书馆作装饰地面，以及车间耐磨、耐油、耐腐蚀地面	硬度（邵氏）：60%～70% 耐撕力：5～6 MPa 断裂强度：5 MPa 伸长率：200% 耐磨性：0.1 cm^2/1.61km 粘结强度：4 MPa 耐腐蚀：10%HCL 3 个月无变化
9．防静电地面涂料 以聚乙烯醇缩甲醛为基料，渗入防静电剂、多种助剂加工制成。 具有质轻层薄、耐磨、不燃、附着力强、有一定弹性等特点	适用于计算机房、控制室、精密仪器车间等地面涂饰	粘结强度：>1.2 MPa 耐磨性：>0.06g/1000r 耐水性：7d 无异常 表面电阻：$<3\times10^7\Omega$ 表面电阻率：$<3\times10^9\Omega$.cm 体积电阻：$<3\times10^5\Omega$ 体积电阻率：$<3\times10^7\Omega$.cm

第四节　特种涂料

特种涂料又称功能性涂料，它不仅具有保护和装饰的作用，还有其特殊的功能。如防水功能、防火功能、防腐功能、防静电功能等。

一、防火涂料

防火涂料可以有效减缓可燃材料（如木材）的引燃时间，阻止非可燃结构材料（如钢材）表面温度升高而引起的强度急剧下降，阻止或延缓火焰的蔓延扩展，让人们争取到消防灭火和人员疏散的宝贵时间。

根据防火原理把防火涂料分为非膨胀型防火涂料和膨胀型防火涂料两种。非膨胀型防火涂料是由不燃性或难燃性合成树脂、难燃剂和防火填料组成，其涂层不易燃烧。膨胀型防火涂料是在非膨胀型防火涂料的配方基础上加入成碳剂、脱水成碳催化剂、发泡剂等成分制成，在高温和火焰作用下，这些成分迅速膨胀形成比原料厚几十倍的泡沫碳化层，从而阻止高温对基材的传导作用，使基材表面温度不对应升高。

防火涂料可用于钢材、木材和混凝土等材料，常用的阻燃剂有含磷化合物和含卤素化合物等，如氯化石蜡、十溴联苯醚、磷酸三氯乙醛酯等。

1. 木结构防火涂料

木结构防火涂料是由无机高分子材料和有机高分子材料复合而成的。该涂料具有轻质、防火、隔热、耐候、坚韧不脆、装饰良好、施工方便等特点。木结构防火涂料适用于公用建筑和民用建筑物的室内木结构，如木条、木板、木柱等基材（图5－18）。

（1）YZ－196发泡型防火涂料

是由无机高分子材料和有机高分子材料复合而成，涂膜遇火膨胀发泡，生成致密的峰窝状隔热层，有良好的隔热防火效果。

该涂料具有良好的隔热、防火、防水、耐候、抗潮等性能。同时附着力强、粘结力大、涂膜有瓷的光泽、装饰效果好，适用于各种重要设施及珍品贮橱、保险柜、高级家具、包装容器等木质制品。

（2）膨胀型乳胶防火涂料

是以丙烯酸乳液为黏合剂，与多种防火添加剂配合，以水为介质加上颜料和助剂配制成的涂料。其颜色可调配制成黄、红、蓝、绿等浅色。膨胀型乳胶防火涂料涂膜遇火膨胀，产生蜂窝状碳化泡层，隔火隔热效果好。

图5-18　木结构防火涂料

图5-19　钢结构防火涂料（工程案例）

图5-20　钢结构楼梯的防火要求是比较高的（工程案例）

图5-21　钢结构楼梯的防火要求是比较高的（工程案例）

图5-22　上海康桥先进制造技术创业基地办公楼大堂钢结构（工程案例）

膨胀型乳胶防火涂料主要适用于涂刷在工业及民用建筑物的内层架、隔墙、顶棚（木质、纤维板、胶合板、纸板）等易燃材料上，起保护及装饰作用。此外也可以用于发电厂、变电所及建筑物的沟道内和竖井的电缆的涂刷，起阻燃作用。

2. 钢结构防火涂料

（1）STI-A型钢结构防火涂料

该种防火涂料是采用特制保温蛭石骨料、无机胶结材料、防火添加剂与复合化学助剂调配而成。该涂料具有表观密度小、导热系数小、防火隔热性能好的特点，可用作各类建筑钢结构和钢筋混凝土结构的梁、柱、墙和楼板的防火层（图5－19~5－22）。

（2）LG钢结构防火隔热涂料

是以改性无机高温胶粘剂，配以空心微珠、膨胀珍珠岩等吸热、隔热、增强材料和化学助剂合成的一种新型涂料。该涂料具有表观密度小、导热系数小、防火隔热性能优良、附着力强、干燥固化快、无毒无污染等特点，适用于防火隔墙、防火挡板及电缆沟内钢铁支撑架等构筑物。

二、防霉涂料

防霉涂料是指能够抑制霉菌生长的一种涂料。它是以氯乙烯-偏氯乙烯共聚物为基料加低毒高效防霉剂等配制而成，对黄曲霉、黑曲霉、萨氏曲霉、土曲霉、焦油霉、黄青霉等十几种霉菌的防菌效果更佳。防霉涂料适用于有防霉防潮和杀菌要求的内部天花板及墙面，常使用于酿酒厂、牛奶厂、食品厂、果品厂、卷烟厂以及地下室等易霉变的内墙装饰。

三、发光涂料

发光涂料是指在夜间能产生指示标志的一类涂料。它是由成膜物质、填充剂和荧光颜色（主要是硫化锌等无机颜料）等组成，之所以能发光是因为含有荧光颜料的缘故。荧光颜料的分子受光的照射即被激发，释放能量，在夜间或白昼都能发光，十分耀眼。发光涂料适用于交通及建筑的指示标识、广告牌、门窗把手、电灯开关等需要呈现各种色彩和明亮反光的特殊场合。

四、防锈涂料及防腐涂料

防锈涂料是由有机高分子聚合物为基料，添加填充料等配制而成。该涂料具有干燥迅速、附着力强、防锈性能好、施工简单等特点，适用于钢铁制品的表面防锈。

防腐涂料是一种能将酸、碱及各类有机物与材料隔离开来，使材料免于有害物质侵蚀的涂料。它具有干燥快，漆膜平整光亮，保色保光性能好，耐腐蚀等优点，主要适用于外墙的防腐及装饰。

五、氟碳涂料

氟碳涂料是在氟树脂基础上经改性、加工而成的一种新型涂层材料。其基料氟树脂所含氟-碳键的分子结构是已知最强分子键，键能高达106千卡/mol，而且氟-碳键长度短，因此氟碳涂料有远比一般涂层材料优异的耐酸、耐碱、抗腐蚀、耐候性能，并有摩擦系数小、抗粘、抗污染等优异性能（图5－23和图5－24）。

氟碳涂料可以喷涂、滚涂、刷涂，具有优异的附着力和硬度，新型的氟碳涂料还克服了以前氟碳涂料不能在常温下固化的技术难题，实现了在施工现场涂装氟碳涂层的理想。它能在几乎所有的材质上良好紧密地附着。氟碳涂料氟碳涂层表面光滑，粘附性小，不易被污染，即使被污染也非常容易清洗。

氟碳涂料的使用寿命长，使涂一次可以维持许多年，维修过程简单，省去了大量维修经费和脚手架搭拆费用。

氟碳涂层的耐温性很好，能在-50~150℃下长期使用。

图5-23 氟碳涂料广泛用于金属材料的饰面

图5-24 氟碳涂料广泛用于金属材料的饰面

第六章

软质装饰材料

在现代室内装饰中，软质装饰材料及其制品的应用是十分广泛的，如地毯、窗帘、墙纸、墙布、壁挂、沙发套垫等。它们以色彩鲜艳、图案丰富、质地柔软、富有弹性等优点，赋予室内环境以美感与舒适感（图6－1和图6－2）。

软质材料的应用历史比较悠久，人类从新石器时代开始就会利用树叶、兽皮制作、编织衣物，直到用棉、麻、毛、丝纺织绚丽多彩的纤维织物。近年来，人造纤维与人造革的出现，给软质装饰材料的发展提供了更为广阔的前景。

第一节 装饰纺织物

纺织品所使用的纤维原料包括天然纤维和化学纤维。其中化学纤维多以石油工业产品为原料加工制成，又可分为人造纤维与合成纤维两大类。

一、天然纤维

天然纤维是传统的纺织原料，天然纤维有毛、棉、麻、丝等。许多高档装饰用纺织品大多选用天然纤维作原料。

1. 羊毛纤维

羊毛以其温暖、柔软而富有弹性、色泽柔和、精美华贵、耐磨、不易燃等优点，成为人们最早使用的天然纤维之一。羊毛地毯和羊毛壁毯早已成为高档的装饰制品。最好的羊毛纤维来自羊身上不见阳光的部位。但羊毛易受虫蛀，对其织品应采取相应的措施。羊毛纤维适用于窗帘、床上用品、壁挂、家具软包面料及地毯等（图6－3）。

2. 棉纤维

棉的质地柔软，透气性、吸湿性好，且有较好的保温性能，是纺织纤维中最重要的植物纤维。但棉布易皱、易污、易缩水且光泽度低，为弥补这方面的缺陷，它常与化学纤维混纺使用。

3. 麻纤维

麻纤维强度高，制品挺括、耐磨，所用的原料主要有亚麻、苎麻和黄麻。但是麻纱价格较高，很少单独使用，它与其他纤维的混纺品仍具有美观而耐磨的特性。麻织物具有结实耐用、凉爽、吸湿性好、散湿速度快、不易被虫蛀或被化学药剂所腐蚀、拉伸强度高等优点，尤其耐湿性是其他天然织物不可比拟的。它质地粗犷纯朴，纹理独特自然，色泽柔和含蓄，适用于窗帘、地毯、沙发面料及其他室内装饰。

4. 丝纤维

丝是最长的天然纤维，润滑、柔和、半透明、易染色且保色性好，隔热性能优良。但蚕丝的耐日晒性较差，长时间的日照会使其变黄，并且会产生脆化，强度

图6-1 上海外滩中心50层CJW酒吧软装饰（工程案例）

图6-2 艺术纸装饰的发光结构

图6-3 宾馆过道富有弹性的羊毛地毯

图6-4 质地柔软的布艺屏风（工程案例）

降低。丝纤维适用于高档次的室内装饰窗帘、床上用品（图6－4）。

其他植物类纤维还有椰壳纤维、灯心草、秫秸等，这些纤维硬、脆、短，不易机织，但有浓郁的乡土气息，颇具古韵。

二、化学纤维

化学纤维的优点是资源广泛，易于制造，具备多种性能，物美价廉，它不像天然纤维那样受到土地、气候及生产能力等多方面制约。石油化学工业的发展以及先进的化学纤维制造技术使各类化学纤维相继产生，化学纤维外观大方且具有吸湿透气、耐磨等方面的良好性能。

1. 人造纤维

人造纤维是采用天然纤维素纤维或蛋白质纤维为原料，经化学处理和机械加工而成的纤维。

（1）粘胶纤维，俗称人造棉，价格低廉，但不耐脏，不耐磨，易皱折，质轻而薄，是一种较低档的化学纤维，可作窗帘，若与其他纤维混纺也可制成呢料和地毯。

（2）醋酸纤维，即代塞尔，有丝的外观，可和粘胶纤维混纺，用于制作窗帘、墙面软包、地毯、壁挂等。

2. 合成纤维

（1）聚酯纤维，即涤纶，又称的确凉。具有强度高、耐日照、耐摩擦、不易皱缩等优点，洗后凉干时有很好的自平性，可以和多种天然纤维及人造纤维混纺，是制作床罩和薄窗帘的优质材料，但其染色较难，清洗制品时，应慎用洗涤剂，以防褪色。它适宜用作室内装饰中的窗帘、地毯、隔声填充物及家具衬垫。

（2）聚酰胺纤维，即锦纶，又称尼龙。锦纶纤维坚固柔韧，有很高的抗拉强度，虽易污染，但易清洗，有发亮的外观，保温性好。其耐磨性是所有天然纤维和化学纤维中最好的，比羊毛高20倍，比粘胶纤维高50倍。锦纶的缺点是弹性差、易变形、易吸尘、遇火局部熔融，而且在干热环境下易产生静电。

锦纶纤维常与天然纤维棉、毛混纺，混纺纤维能够充分利用天然纤维良好的舒适性能和锦纶纤维的高强度特性，广泛用于铺垫型织品之中。

（3）聚丙烯腈纤维

即腈纶，又称奥纶、开司米纶等。因其织物的手感极像羊毛，质轻、强度大、耐潮、耐酸碱，保温性能也好，故可作为羊毛代用品。但它易起静电、吸灰尘，耐磨性不如其他合成纤维，目前常用来制作地毯、窗帘和床罩等。现在另有一种变性聚丙烯腈纤维，除具有聚丙烯腈纤维的特点外，还有良好的防火性能。

（4）聚丙烯纤维

即丙纶，又称梅拉克纶，用石油精炼的副产物丙烯为原料制得。原料来源丰富，生产工艺简单，成本低，价格比其他合成纤维低廉。丙纶纤维的密度（0.91g／cm^3）是合成纤维中最轻的。丙纶具有耐磨损、耐腐蚀、强度高、蓬松性与保暖性好、易清洗等特点，但回弹性较差，不易染色。丙纶纤维具有良好的抗污染性，常用于室内浴帘、地毯等，但不宜作窗帘。

（5）聚氨基甲酸酯纤维

即氨纶，具有弹性好、强度高、抗皱折、易清洗等优点，常用作窗帘和床罩等。

第二节　皮革

皮革具有柔软、吸声、保暖的特点，因而常用于对人体活动需加以防护的健身室、练功房等室内壁面，以及对声学有特殊要求的演播厅、录音房、歌剧院、歌舞厅等室内墙面软包饰面和吸声门饰面。利用其耐磨性、耐污性和弹性好的性能，用做家具面料；利用其外观独特的质地、纹理和色泽，作为公共室内环境中的背景墙、移动隔断、以及服务台、酒吧台等处装饰软包。然而，皮革的表面容易被划伤，对基底材料的湿度、硬度、平整度和防火性能要求比较高。因此，皮革与基材之间常常利用经过防火处理的纤维棉、海绵等进行缓冲和隔潮。皮革分为天然皮革、人造皮革与合成革三种。

一、天然皮革

天然皮革饰面是一种高级装饰材料，是采用天然动物皮如牛皮、羊皮、猪皮、鳄鱼皮、骆驼皮和马皮等作原料，并经过一系列的化学处理和机械加工制成的。其格调高雅、质地柔软、结实耐磨，具有良好的保温、吸声、消振等性能，常被用于高级会所、酒店包房、歌舞厅、健身房、练功房、幼儿园等场所的墙壁和家具设施的饰面装饰（图6－5和图6－6）。但天然皮革对湿度的要求较高，长期处在潮湿的环境中会影响其性能和外观质量，因此，要经常保持干燥和进行维护。

天然皮革的种类很多，主要有猪皮革、牛皮革、羊皮革、马皮革、鸡皮革、蛇皮革、鳄鱼皮革等，常用于装饰材料的有以下几种：

1. 猪皮革

猪皮革革面皱缩，毛孔粗大，三孔一组，呈三角形排列。猪皮革质地较柔软，但不如羊皮革，弹性一般，耐磨性、吸湿性好，但易变形。

2. 牛皮革

牛皮革有黄牛皮、水牛皮之分。黄牛革革面紧密，细腻光洁，毛孔呈圆形；水牛革革面粗糙，凸凹不平，毛孔呈圆形，且粗大。牛皮革坚硬耐磨，韧性和弹性较好。

3. 羊皮革

羊皮革有绵羊皮、山羊皮之别。羊皮革革面如"水波纹"，毛孔呈扁圆形，并以鱼鳞状或锯齿状排列，有光面和绒面不同的饰面效果。羊皮革轻薄柔软，弹性、吸湿性、透气性好，但强度不如牛皮革、猪皮革。

4. 马皮革

马皮革常被称为马科皮革，它包括马皮、驴皮、骡皮、骆驼皮等。马皮革革面毛孔呈椭圆形，比黄牛革革面毛孔稍大，排列有规律。马皮革质地较松弛，不如黄牛革紧密丰满，耐磨性好。

二、人造革与合成革

人造革是以聚氯乙烯树脂为主料，加入适量的增塑剂、填充剂、稳定剂等助剂，调配成树脂糊后，涂刷在针织或机织物底布上，经过红外线照射加热，使其紧贴于织物，然后压上天然皮纹而形成的仿皮纹皮革。人造革具有不易燃、耐酸碱、防水、耐油、耐晒等优点。但人造革遇热软化，遇冷发硬，质地过于平滑，光泽较亮，浮于表面，影响视觉效果。其耐磨性、韧性、弹性也不如天然皮革。

合成革，从广义上讲也是一种人造革，它是将聚氨酯浸涂在由合成纤维如尼龙、涤纶、丙纶等做成的无纺底布上，经过凝固、抽出、装饰等一系列的工艺而制成。它具有良好的耐磨性、机械强度和弹性，耐皱折，在低温下仍能保持柔软性；透气性和透湿性比人造革好，比天然革差；不易虫蛀，不易发霉，不易变形，尺寸稳定，价格低廉。

随着现代技术的发展，人造革、合成革的品质日益优异，如耐磨性、抗静电性、吸声性增强；无毒、无味、无刺激，符合现代环保质量的要求；其外观质量不仅可与天然皮革媲美，而且其纹理和色泽更加丰富多样（图6－7和图6－8）。

图6-5 宾馆墙壁的天然皮革饰面装饰（工程案例）

图6-6 宾馆墙壁的天然皮革饰面装饰（工程案例）

图 6-7 可与天然皮革媲美的合成革

图6-8 合成革软包饰面

第三节　墙纸与墙布

一、墙纸

墙纸又称壁纸，墙纸的种类很多，基层有纸基与布基之分。它是现代室内装饰材料的重要组成部分，不仅可以起到美化室内环境的装饰作用，还具有防霉、防臭及吸声等功能。

1. 墙纸的分类

按墙纸的表面材料可分为五大类：

（1）纸基纸面壁纸，也称复合壁纸，是将表纸和底纸经施胶压合为一体后，再经印刷、压花、涂布等工艺生产而得。其特点是透气性好、价格便宜，但不耐水、不能擦洗、易破裂、不易施工（图6－9）。

（2）织物面壁纸，其面层是用丝、毛、棉、麻、绢、绸、缎、呢或薄毡等纤维织物织成的壁纸，给人一种柔和、舒适的感觉，另一方面由于是用天然动植物纤维加工而成，有一种回归大自然的感觉，是环保型绿色壁纸。有些丝、绢织物因其纤维的反光效应而显得十分华美富丽；但价格偏高，不易清扫（图6－10）。

（3）天然材料面壁纸，用草、麻、木材、树叶、草席等天然材料干燥后压于基层上制成的壁纸，极具返朴归真的自然风格，生活气息浓厚，也是环保型绿色壁纸，但耐久性、防火性较差，不宜用于人流量较大的公共场所。

（4）金属面壁纸，这是在基层上涂布金属膜制成的壁纸。金属面壁纸多以铜箔仿金、铝箔仿银，给人以光亮华丽、金碧辉煌之感，适合于气氛热烈的场合。金属箔的厚度一般为0.006～0.025mm。

（5）塑料壁纸，又称PVC墙纸，其面层主要采用聚氯乙烯树脂，采用压延或涂布工艺生产，是应用最为广泛的壁纸。塑料壁纸又可分为发泡塑料壁纸、非发泡塑料壁纸及特种塑料壁纸。

2. 墙纸的规格

墙纸的规格通常有以下三种：

（1） 窄幅小卷。幅宽530～600mm，长10～12m，每卷面积5～6㎡。

（2） 中幅中卷。幅宽760～900mm，长25～50m，每卷面积20～45㎡。

（3）宽幅大卷。幅宽920～1200mm，长50m，每卷面积46～90㎡。

3. 塑料墙纸铺设工艺与要求。

（1）清理墙面浮尘，铲除突出部分或批嵌填平凹孔洞。

（2） 粘贴前，对基面进行湿水，使底基吸水膨胀，从而使墙纸粘贴后干燥拉紧，避免起拱变形。

（3）墙纸相互对接时，要对准花形。

（4）墙纸用于大面积的壁面时，要方向相同，否则会因光照而产生明暗度差。

（5） 采用108胶或SG8104墙纸胶粘剂（无毒无味、耐水性好）粘贴，并自上而下用橡皮辊筒来回滚压，挤出内部气泡和多余胶。

（6）修整多余部分。

二、墙布

装饰墙布是用天然纤维或合成纤维织成的布为基料，表面涂以树脂，并印以图案色彩而制成，具有图案美观、色彩绚丽、富有弹性、手感舒适、吸声吸潮等优点，是一种使用广泛的室内装饰材料（图6－11）。

1. 装饰墙布的种类

（1） 棉纺墙布

图6-9　价格便宜的复合壁纸

图6-10　柔和、舒适的）织物面壁纸（工程案例）

图6-11　上海宾馆富有弹性的装饰墙布（工程案例）

棉纺装饰墙布是用纯棉平布经过处理、印花、涂布耐磨树脂制作而成。其特点是墙布强度大、静电小、蠕变性小、无光、吸声、无毒、无味，花型美观，色彩绚丽，适用于宾馆、饭店、写字楼等公共建筑和居室墙面装饰，可用在水泥砂浆墙面、混凝土墙面、石灰浆墙面及石膏板、胶合板、纤维板、石棉水泥板等墙面的粘贴或浮挂。

（2）无纺墙布

无纺墙布是采用棉、麻等天然纤维或涤纶、腈纶等合成纤维，通过无纺成型、上树脂、印花等工序制作而成。产品有棉、麻、涤纶、腈纶、无纺贴墙布等。

无纺贴墙布图案多样、典雅、色彩鲜艳、挺括，富有弹性和透气性，可擦洗而不褪色，对皮肤无刺激作用，装饰效果十分理想。涤纶棉无纺墙布，除具有麻质无纺墙布的所有特性外，还具有质地细腻、光滑等优点，是高档装饰材料。

（3）化纤墙布

化纤墙布是以合成化学纤维织成的布（单纶或多纶）为基材，经一定处理后印花而成。化纤种类繁多，性质各异，通常用的纤维有粘胶纤维、醋酸纤维，聚丙烯纤维、锦纶纤维等。这类墙布具有无毒、无味、透气、防潮、耐磨、无分层等优点，适用于各级宾馆、旅店、办公室、居室的墙面装饰。

2. 装饰墙布的性能要求

墙布织品需平挺而有一定弹性，无缩率或缩率较小，尺寸稳定性好，织品边缘整齐平直，不易变形，花纹拼接准确不走样。这些织品本身质量性能的优劣直接影响到粘贴施工的效果。

（1）粘贴性能

墙布必须具备较好的粘贴性，使织品与墙面结合平服牢固，粘贴后织品表面平整挺括；不透胶底，无翘起剥离现象产生。

（2）耐污、易洁

墙布大面积暴露于空气中，极易积聚灰尘，易受霉变虫蛀等自然污损。为此要求墙布具有较好的防腐耐污性能，能经受空气中细菌、微生物的侵蚀不发霉，纤维有较强的抗污染能力，日常去污除尘需方便易行。

（3）吸声、阻燃

墙布还需具备良好的吸声、阻燃性能。需要纤维材料能吸收声波，使噪声得以衰减；同时利用织品组织结构使墙布表面具有凹凸效应，增强吸声性能。为了提高墙布的阻燃性，在生产时还应加入一定的阻燃剂，以增强墙布的阻燃防火性能（图6－12）。

第四节　地毯

地毯是一种高级地面装饰材料，有着悠久的历史，从古时的御寒湿、利坐卧，到今天利用它优良的隔热保温性能、吸声性能并以其独有的外观与质地来营造高贵、典雅、华丽、舒适的室内环境。

它广泛用于高级宾馆、会议大厅、办公室、会客室和家庭的地面装饰。传统的地毯是手工编织的羊毛地毯，而当今的地毯已发展到款式多样，颜色从艳丽到淡雅，绒毛从柔软到强韧，形成了地毯的高、中、低档系列，可以满足各层次消费群体的需求（图6－13和图6－14）。

一、地毯的分类

1. 按材料分类

（1）羊毛地毯。即纯毛地毯，采用粗绵羊毛纺织而成，弹性、耐拉性、脚感及绝热性能都很好。但耐潮及耐腐性较差。其单位质量约1.6k～2.6kg/m^2。

（2）混纺地毯。以羊毛与尼龙或聚丙烯腈纤维混纺，这种合成纤维，可显著改善地毯的耐磨性能。

（3）化纤地毯。以丙纶、腈纶等合成纤维制面层，以麻布为底层制作而成。若配以泡沫橡胶垫使用，其弹性和耐磨性更佳，是目前用量最大的中低档地毯。

（4）塑料地毯。系采用聚氯乙烯树脂和增塑剂等辅助材料，经均匀混炼、塑制而成。它质地柔软、色彩绚丽、花色品种繁多，防火、防潮性能良好，为一些公共环境的地面铺装材料。“人造草坪”即属此列，污染后可以洗刷。塑料地毯分为卷材和块材两种，适用于医院、学校、图书馆、生产车间、展示厅、商场、饭店、健身房、幼儿园等场所。

（5）植物地毯。以棕、琼麻、草、藤等天然纤维材料手工编织而成，质感较粗糙、欠柔软，但这种地毯有自然质朴的艺术格调，给人以清新凉爽的心理感受。

（6）橡胶地毯。橡胶地毯是以天然或合成橡胶配以各种化工原料，热压硫化成型的卷状地毯。它具有色彩鲜艳、柔软舒适、弹性好、耐水、防滑、易清洗等特点，特别适用于卫生间、浴室、游泳池、车辆及轮船走道等特殊环境。各种绝缘等级的特制橡胶地毯还广泛用于配电室、计算机房等场所。

2. 按规格分类

（1）小块地毯（方块地毯）。尺寸为500mm×500mm、600mm×600mm。采用这种地毯铺装地面后，受磨损的方块便于调换更新，维修起来比较经济。为避免绒毛倒伏产生“影斑”而使新铺装的地面显得陈旧，可在生产中采用“预倒伏”工艺，在铺装时按预倒伏方向成90度交错排列，造成明暗程度略有差别的棋盘式效果，颇有独到之处（图6－15）。

（2）装饰块毯（美术毯）。有长方形、正方形、三角形、圆形或椭圆形地毯，长度尺寸一般在610～

图6-12　现代墙布需具备良好的吸声、阻燃性能

图6-13　地毯能营造高贵、典雅、华丽、舒适的室内环境

图6-14　地毯能营造高贵、典雅、华丽、舒适的室内环境

710mm之间。

（3）卷材地毯（满铺地毯）。指幅宽在4m以内的卷包装地毯，每卷常规长度在20～25m不等，也可以根据设计要求定加工长度与宽度。卷材地毯适合于大空间的环境，可以铺装整块地面，但损坏后不易修整（图6－16）。

二、地毯的性能要求

地毯主要起吸声、吸尘、保暖、保护地面以及美化室内环境的作用。地毯的技术性能主要有以下几点：

1. 耐磨性

地毯的耐磨性是耐久性的重要指标，耐磨的次数越多，表示耐磨性越好。耐磨性能的优劣与所用材质、绒毛长度、道数多少有关。如我国生产的丙纶、腈纶化纤地毯的耐磨次数波动于5500～10000次，达到国际同类产品的水平。

2. 弹性

地毯的弹性是指地毯经一定次数的压力（一定动荷载）后，厚度产生压缩变形的程度以及恢复到原始状态的程度。化纤地毯的弹性不及纯毛地毯，丙纶地毯不及腈纶地毯。

3. 抗静电性

是指地毯在使用时表面抵御摩擦静电积累和放电的性能，它与有机高分子材料摩擦，便会产生静电，而高分子材料具有绝缘性，静电不容易放出。静电积累一方面造成易吸尘，清除困难；另一方面放电对某些场合可能会造成危害，如对计算机性能的危害等。因此，在生产合成纤维时，常掺入一定量的抗静电剂，或采用增加导电性处理等措施，以提高化纤地毯的抗静电能力。

4. 剥离强度

剥离强度的高低反映了地毯面层与背衬之间复合强度的大小，也反映了地毯复合之后的耐水能力。化纤簇绒地毯要求剥离强度≥25N。

5. 绒毛粘合力

粘合力是衡量地毯绒毛在背衬上粘结的牢固程度。化纤簇绒地毯的粘合力以簇绒拔出力来表示，要求簇绒毯拔出力≥1 2N，圈绒毯拔出力≥20N。

6. 抗老化性

抗老化性主要是对化纤地毯而言的。因化学合成纤维在空气、光照等因素作用下会发生氧化，性能指标明显下降。通常是用经紫外线照射一定时间后，化纤地毯的耐磨次数、弹性以及色泽的变化情况来加以评定的。生产化纤地毯时通常要加入适量的抗老化剂，以延缓化纤地毯的老化时间。

7. 耐燃性

为了提高地毯的耐燃性，生产时加入一定量的阻燃剂，使织成的地毯具有自熄性和阻燃性。凡燃烧时间在12min之内，燃烧面积的直径在17.96cm以内者都为合格。

8. 耐菌性

地毯作为地面装饰材料，在使用过程中，易被虫、

图6-15 办公空间的方块地毯

图6-16 大尺寸的卷材地毯（工程案例）

图6-17 用倒刺板条固定的满铺地毯

菌侵蚀，引起霉变，因此，生产地毯时要进行防霉、防菌处理。凡能经受几种常见霉菌和5种常见细菌的侵蚀，而不长菌和霉变者，则被认为合格。

三、地毯的铺设

1. 基层处理

铺设地毯前，混凝土地面应平整，无凹凸不平处，凹凸不平处应用108胶水加水泥砂浆修补收光；清除地面上的污垢灰尘和砂粒，基层要干燥。

2. 粘贴式固定法

用胶粘剂粘结固定地毯，一般不放垫层，把胶刷在基层与地毯的背面，然后将地毯固定在基层上。刷胶有满刷胶和局部刷胶两种，较少走动的地面，一般采用周边刷胶；在人活动频繁的公共场所，宜采用满刷胶。

地毯需要拼接时，在拼缝处刮一层胶，将地毯拼密实。地毯要裁割整齐，不要弯弯曲曲。

3. 用倒刺板条固定地毯

（1）根据铺设面积，合理的剪裁配料。

（2）沿房间、厅堂周边地面墙边钉倒刺板条，倒刺板条与墙边的距离为8～10mm，便于榔头砸钉子，钉尖间隙的空间用水泥钉将倒刺板条钉牢于地面上（图6－17）。

（3）整理地毯接缝处正面不齐的毛绒（用剪刀或电铲修）。

（4）先在地面铺一层橡胶或泡沫软垫，再在上面铺设地毯，展平后用“膝撑”推张地毯，使之拉紧，平伏于地面，用水泥钉逐行逐段暂时锚固，避免表面松弛出现波浪纹。如带地毯胶垫，先铺地毯胶垫，后铺地毯。“膝撑”底部有许多细齿，可将地毯卡紧而推移。推移的力量要适当，过大易将地毯撕破，过小则推移不平。

（5）两块地毯接缝处需要用胶烫带粘贴，先在地面上用粉笔画出胶烫带的中心线，将胶烫带一端钉在地面上，然后将两侧的地毯线压在胶带粘面上，拔掉两端钉子，压下地毯接缝，用电烫斗放置于胶面上，使胶质溶解，随着电烫斗向前移动，用扁铲在接缝处辗平压实，使相接的两块地毯同时粘贴在烫带上，从而连成整体。

（6）两种不同材质的地面相接部位，要加收口条或分格条，收口的目的一方面是为了固定地毯，另一方面也是为了防止地毯外露毛边，影响美观。在门口处为了避免地毯被踢起或翘起，常用锑条钉压在门口，将地毯边嵌于锑条内，使倒钩勾扣住地毯，不致踢起。锑条分弧形和方形两种。

（7）地毯修整。待地毯铺好后，用刀裁去墙边多出的部分，再用扁铲将地毯边塞进木条和墙角边之间的间隙中，使钩钉地板木条上的钉尖抓住地毯。拔掉暂时锚固的钢钉，清扫吸尘交工。

第五节　软膜结构

一、膜结构的构成

膜结构，又叫张力膜结构，是以建筑织物，即膜材料为张拉主体，并与金属支撑构件及拉索共同组成的结构体系，它以其新颖独特的建筑造型，良好的受力特点，已成为大跨度空间结构的主要形式之一。膜材料是由织物基材（玻璃纤维、聚脂长丝）和涂层（PTFE、硅酮、PVC）复合而成的涂层织物，具有不燃性、透光性、耐久性、不易受污染、张拉强度高的特点。膜材料与现代设计、计算技术手段相结合，得到广泛应用（图6－18和图6－19）。膜结构的自重轻，简单可靠，可以代替传统的屋面结构形式，如钢结构加玻璃屋面、卡玻隆板、钢结构加夹芯钢板、单层压型钢板等，适合以下各种场合使用：

（1）各类体育场馆、展览馆、展览厅。

（2）大型采光屋面。

（3）候机、候车大厅。

（4）大型公共、公用空间。

（5）各种公路收费站、加油站。

（6）酒店、办公、娱乐、展示等室内空间。

二、膜结构的特性

1. 透光性

半透明是膜结构明显的特征，与其他材料相比，无论是在美观上或是在操作上，都有显著的优越性。另外，膜材料散射光线，消除眩光，能将光线广泛地漫射到其内部空间（图6－20和图6－21）。

2. 节省能源

膜材料具有一定的透光率，创造了自然光照明的环境，与玻璃材料相比，它大大减少了热量的传递，与不透光的材料相比，节约了大量用于照明的能源。

3. 良好的自洁性

膜结构的膜材料表面采用特殊的防护涂层，具有良好的自洁抗污性能，可防止大气污染物的附着。

4. 较好的防火性

膜材料可以满足防火规范的要求，因此在高度和间隙度允许下，膜结构适合于任何建筑，通常自动灭火系统对膜结构是适合的，防火设计时应从总体考虑。

5. 强度高、耐久性好

膜材料具有优良的抗风能力。按照膜材料基材及表面涂层的不同，膜材料寿命一般分为四个等级：5年、10年、15年及25年膜材。

6. 造型的艺术性

膜结构外形美观，标志性强，给人以很强的艺术感染力。它既能充分发挥设计师的想像力，又能体现结构构件清晰受力之美（图6－22）。

7. 施工的快捷性

膜结构所有加工和制作均可在工厂内完成，现场只要进行安装即可，因此施工简便快捷，施工周期短（图6－23）。

图6-18　沿海高速公路如皋服务区加油站膜结构（工程案例）

图6-20　能漫射光线的膜材料

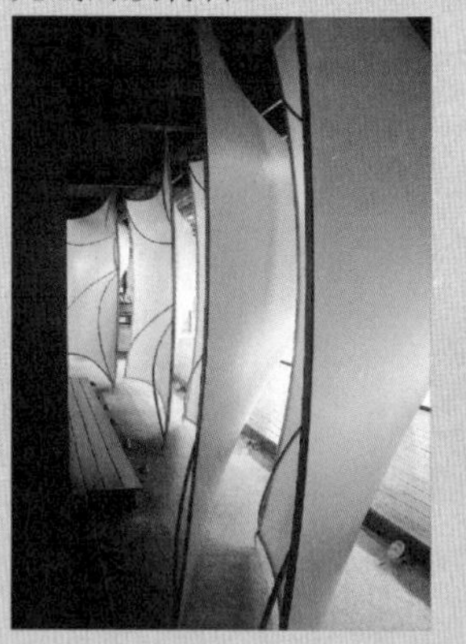

图6-21　能漫射光线的膜材料

图6-19　膜材料具有透光、耐久、耐污染、张拉强度高等特点

图6-22　膜结构给人以很强的艺术感染力（工程案例）

图6-23　膜结构施工简便、快捷（工程案例）

第七章

装饰木材

木材是人类在建筑装饰领域中应用最多、历史最悠久的材料之一。

装饰木材是指包括木材、竹材以及各种人造板材等。木材具有许多优良的特性：质量轻，强度高，有良好的加工性，有较佳的弹性和韧性；对电、热和声音有较高的绝缘、绝热、吸声性能。在外观上，木质所具有的天然纹路及自然韵味，能适用于各种风格的环境装饰设计，它美丽自然的纹理及独特的质感是其他材料不可替代的（图7－1~图7－4）。

木材广泛用于建筑装饰和装修，但木材具有构造不均匀性，在使用中易产生干缩湿胀的尺寸变化。而且，木材还有易燃、易腐、天然瑕疵多等缺点，在使用中应尽量注意。

第一节　木材的基本知识

一、木材的分类

木材分针叶树和阔叶树两大类。

1. 针叶树

又称为软质木材，主要是指针叶树种的木材，如松木（红松、白松、鱼鳞松、马毛松、落叶松、美国花旗松）、杉木、柏木等。这类木材的优点是：树干通直而高大，易得长度较大的木材；质地轻软而易于加工；胀缩变形较小；天然树脂多，比较耐腐蚀。缺点是表面硬度很低，不适于做地板和家具的面材，可以用作各种承重构件及装饰部件，如：木门窗、木屋架、檀条、椽条、搁栅等（图7－5）。

2. 阔叶树

又称为硬质木材，主要是指阔叶树种的木材，如水曲柳、柞木、橡木、榉木、樱桃木、榆木、椴木、黄玻萝、核桃木、红木等。这类木材的优点是：质地比较坚硬，较耐磨；有美丽的纹理和光泽。主要缺点是：难以得到较长的通直木材；加工较困难；受干湿变化的影响而引起的胀缩变形、翘曲和开裂比较严重。尽管如此，由于其坚硬的质地和美丽的纹理，硬质木材在建筑装饰工程上广泛应用，主要适用于室内饰面装饰、家具制作及胶合板贴面等（图7－6）。

二、木材的宏观构造

是指在肉眼或放大镜下所能观察到的构造和外表特征。木材的颜色、气味、光泽、纹理结构及花纹也列入宏观构造的范畴。

木材由树皮、形成层、木质部及髓心四个部分

图7-1　木材具有质量轻，强度高，易加工等优良特性

图7-2　木材有着美丽自然的纹理及独特的质感（工程案例）

图7-3　实木地板有较佳的弹性和韧性（工程案例）

图7-4　木质的天然纹路及自然韵味让人着迷

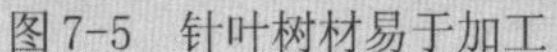

图7-5　针叶树材易于加工

图7-6　阔叶树材有美丽的纹理和光泽

图7-7　木材的生长轮

组成。

木材是原木的主要部分，原木是树木中的立体部分，木材构造不均匀，所以观察木材必须从各方面进行。木材有代表性的三个切面是：横切面、径切面和弦切面。通过这三个切面，分析针叶材和阔叶材的构造特征，可以帮助我们识别木材。

横切面：是与树干主轴或木纹相垂直的切面，可观察年轮和纵向细胞断面。

径切面：是通过髓心与木射线平行的纵切面。年轮在此为平行的直纹理。

弦切面：是平行于树干不通过髓心与年轮相切的纵切面，年轮在此为峰状花纹。

1. 边材、心材、熟材

边材：是靠近树皮的木质部，水分较多，颜色较浅，易导致腐朽和虫蛀。

心材：是靠近髓心的木质部，水分较少，颜色较深。心材中含有对菌类有毒害作用的物质，所以其耐久性比边材强。

熟材：有些树种中心部分与外围部分的木材颜色无区别，但含水量不同，中心部分水分较少，这种材可称为熟材，如冷杉、天杉等。

2. 年轮、早材与晚材

每个生长时期所形成的木材，围绕着髓心构成的同心圆，称为生长轮。温带和寒带树木的生长期，一年仅有一度，形成层向内只生长一层；但在热带，一年间的气候变化很小，树木生长四季不间断，一年之间可能形成几个生长轮，它们与雨季和旱季相符合（图7－7）。

早材：又称春材。为同一年轮内部靠近髓心的部分，是生长初期形成，发育快，材质较疏松，颜色浅。

晚材：又称秋材。年轮内靠近树皮的部分，是生长后期形成，生长慢，材质较坚硬，颜色深。

3. 管孔

导管是绝大多数阔叶木材所具有的辅导组织，在横切面上导管呈孔穴状，叫管孔。在纵切面上呈细沟状，叫导管线，所以阔叶材有导管，又称有孔材；针叶材无导管，又称无孔材。导管是鉴别阔叶材和针叶材的主要标志。

4. 木射线

在木材横切面上，凭肉眼或借助放大镜可以看到一条条自髓心向树皮方向呈辐射状略带光泽的断续线条，这种线条称为木射线。木射线与周围的联结较差，木材干燥时，最易沿此开裂。但有些木射线发达的木材，如栎木、水青冈和大叶榉等，因其径切面上突出的银光射线构成了木材美丽的花纹，是装饰饰面及家具的良好用材，且对木材的防腐也有利。

三、木材的性能

1. 含水率

木材是由各类型的细胞组成，这些细胞是中间空的，构成许多孔隙，在细胞壁内、纤维之间也有许多间隙。这些孔隙、间隙能吸藏大量水分，其储量的多少就是含水量。木材所含水分的质量与木材烘干质量的比率，称为含水率，以百分比计。木材所含的水分包括三部分，一是少量的化学结合水；二是细胞壁内的物理吸附水；三是细胞腔和细胞间隙中的自由水。

2. 干缩湿胀

木材的干缩湿胀只发生在它的纤维饱和点含水率以下。这种由湿度变化而引起的体积变化随树种的不同而不同，密度大的木材干缩湿涨较明显。晚材较多的木材干缩湿胀也比较明显。此外，对于同一树种而言，这种干缩湿涨随着方向的不同而呈现很大的差异。一般说来，弦向变形最大，径向变形次之，纵向变形最小。需要强调的是，正是由于在纤维饱和点含水率以下，木材在弦向、径向、纵向这三个不同方向上的胀缩的不同，才导致木材的翘曲变形，乃至开裂。

3. 传导性

（1）木材的导热性。木材是多孔性物质，其孔隙充满了空气。由于空气的导热系数很小，所以木材的隔热性能良好。木材的热导系数随含水率的增高而增大。含水率越低，导热系数越小。

（2）木材的导电性。同样的原因，木材的导电性也很小，在全干状态或含水率很低时，木材是绝缘体。由于导电性很小，所以常用作电气工具的手柄、接线板等。

（3）木材的共振性。有些年轮均匀、材质致密、纹理通直的木材，具有良好的共振性，可以做成各种乐器和音箱。

4. 强度

木材的抗压强度、抗拉强度、抗剪切强度都随着受力方向的不同而有很大区别。当不考虑木材的疵病时，按强度大小排列的次序是：顺纹抗拉强度>弯曲强度>顺纹抗压强度>横纹抗剪切强度>顺纹抗剪切强度>横纹抗压强度>横纹抗拉强度。这是理论分析的次序。实际上，木材或多或少都存在着木节、裂纹、腐朽、虫害、弯曲、斜纹和髓心等疵病，这些疵病通常对抗拉强

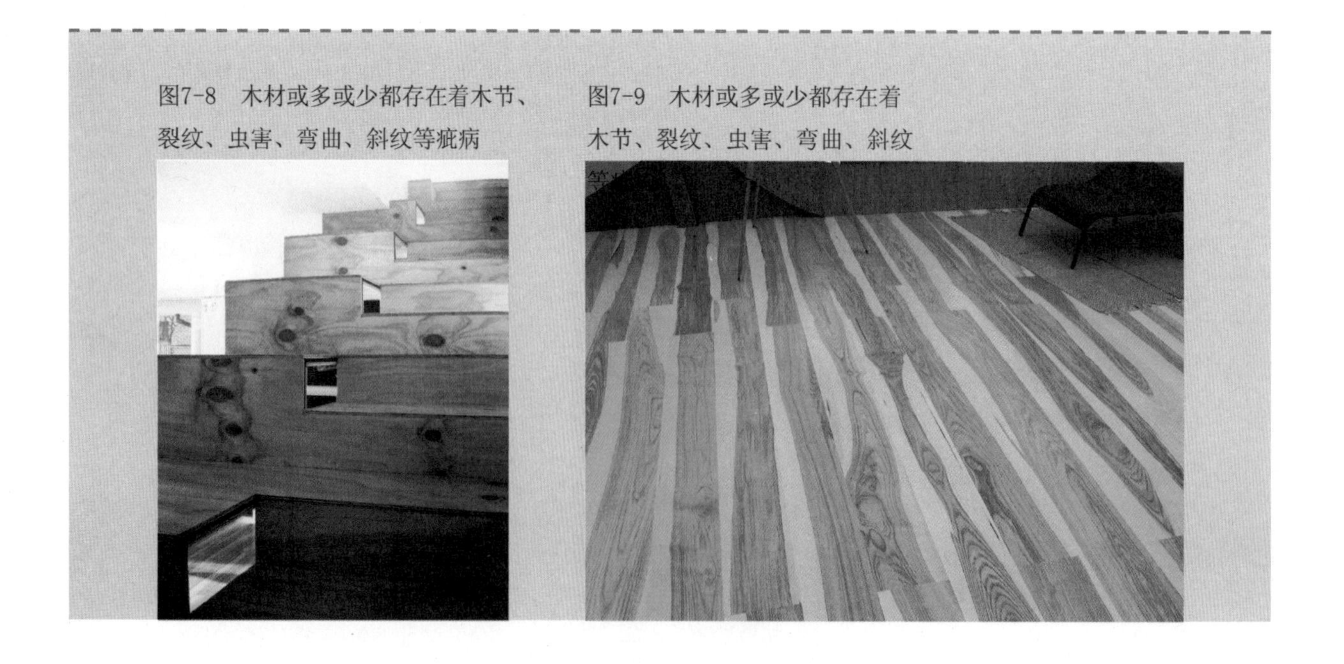

图7-8 木材或多或少都存在着木节、裂纹、虫害、弯曲、斜纹等疵病

图7-9 木材或多或少都存在着木节、裂纹、虫害、弯曲、斜纹

图7-10　装饰薄木贴面的家具（工程案例）　　图7-11　装饰薄木贴面的家具（工程案例）

度的影响比较大（图7－8和图7－9）。

四、木材的防腐与防火

1. 木材的防腐

（1）木材腐朽的原因

木材腐朽的原因主要在于三菌一虫。“三菌”是指霉菌、变色菌、腐朽菌，它们分别腐蚀木材的表面、细胞腔和细胞壁，使木材腐朽变坏。促成这些细菌生存和繁殖的环境条件是：温度25～30℃，木材含水率35%～50%，有足够的空气（氧气）。“一虫”是指昆虫，例如白蚁、天牛等。它们在树皮或木质内生存、繁殖，致使木材强度降低，甚至结构崩溃。

（2）木材的防腐措施

a. 构造防腐。无论是真菌还是昆虫，其生存繁殖均需要适宜的条件，如水分、空气、温度、养料等。因此，将木材置于通风、干燥处或浸没在水中或深埋于地下等方法，都可以防腐。例如，架空木地板的侧面开通风口；使用木屋架的双坡房屋，在其山墙上部设置通风窗等。这类构造防腐的实质是“干燥防腐”。

b. 化学防腐。可采用以下四类防腐剂：

水溶性防腐剂。如氟化钠、硼络合剂等，主要用于不受潮的木结构。

油溶性防腐剂。如五氯酚、林丹合剂等，常用于虫害严重地区的木构件。

油类防腐剂。有煤焦油50等混合防腐油，有五氯酚3等强化防腐油，用于长期受潮的木结构和白蚁经常出没的部位。

膏类防腐剂。如氟（氟化钠）砷沥青膏，用于经常受潮的部位和通风不良处。这类化学防腐的实质是给昆虫和细菌“下毒”。

2. 木材的防火

木材的易燃性是其主要的缺点之一。木材的防火处理是指提高木材的耐火性，使之不易燃烧。常用的防火处理方法有如下两种：

（1） 表面涂敷法

木材表面涂敷法就是在木材的表面涂施防火涂料，起到既防火又防腐的双重作用。

（2） 溶液浸注法

木材的溶液浸注法就是用防火剂（如铵氟合剂、氨基树脂等）对木材进行浸渍处理。

第二节　装饰薄木

装饰薄木是利用珍贵树种经一定的处理或加工后再经精密刨切或旋切、厚度一般在0.2～0.8mm的表面装饰材料。它的特点是具有天然纹理，格调自然大方，可方便地切割和拼花。装饰薄木有很好的粘结性质，可以在大多数材料上进行粘贴装饰，用于建筑装饰内墙饰面、家具、门窗及乐器的制作等，效果甚佳（图7－10和图7－11）。近些年来，装饰薄木的生产迅速发展，新品种层出不穷。

一、装饰薄木的分类和结构

1. 天然薄木

天然薄木是采用珍贵树种，如枫木、橡木、胡桃木、榉木等经过水热处理后刨切或半圆旋切而成。它与集成薄木和人造薄木的区别在于木材未经分离和重组，是名副其实的天然材料。天然薄木材质要求高，需用名贵木材，因而市场价格一般高于集成薄木和人造薄木（图7－12）。

2. 集成薄木

集成薄木是将一定花纹要求的木材先加工成规格几何体，然后将这些几何体需要胶合的表面涂胶，按设计要求组合，胶结成集成木方。集成木方再经刨切成集成薄木。集成薄木对木材的质地有一定要求，图案的花色很多，色泽与花纹的变化依赖天然木材，自然真实，大多用于家具部件、木门等局部的装饰，一般幅面不大，但制作精细，图案比较复杂（图7－13）。

3. 人造薄木

天然薄木与集成薄木一般都需要珍贵木材或质量较高的木材，生产受到资源限制。因此，出现以普通树种制造高级装饰薄木的人造薄木工艺技术。它是用普通树种的木材单板经染色、层压和模压后制成木方，再经刨切而成。人造薄木可仿制各种珍贵树种的天然花纹，甚至做到以假乱真的地步，当然也可制出天然木材没有的富有创意的艺术花纹图案（图7－14）。

二、天然薄木片的制造工艺

不同的薄木片生产方法，将产生不同视觉效果的各种薄木片产品。

旋转切片法：旋转切片加工时，原木定中安装在一台车床上，顶着切片刀旋转。用这种方法生产的薄木片，具有多种图案的木纹。旋转切片薄木片的宽度，可以宽至整版（单片）表面。

平切法：对开原木被装到切片机上，心面紧贴切片机的料木台而远离切片刀；切片刀沿原本中心的平行线切出薄木片。这样生产的薄木片具有一种特殊的“大教堂”式或心形木纹。用这种方法生产的薄木片自然产生的四开面与轮周面的比率，大约为40%～60%的轮周面。在各种切片法生产的薄木片之中，平片法薄木片的宽度最宽，因为原木在切片前，先被切成两块料木。

四开切片法：四开切片法先把原木切成四条，然后

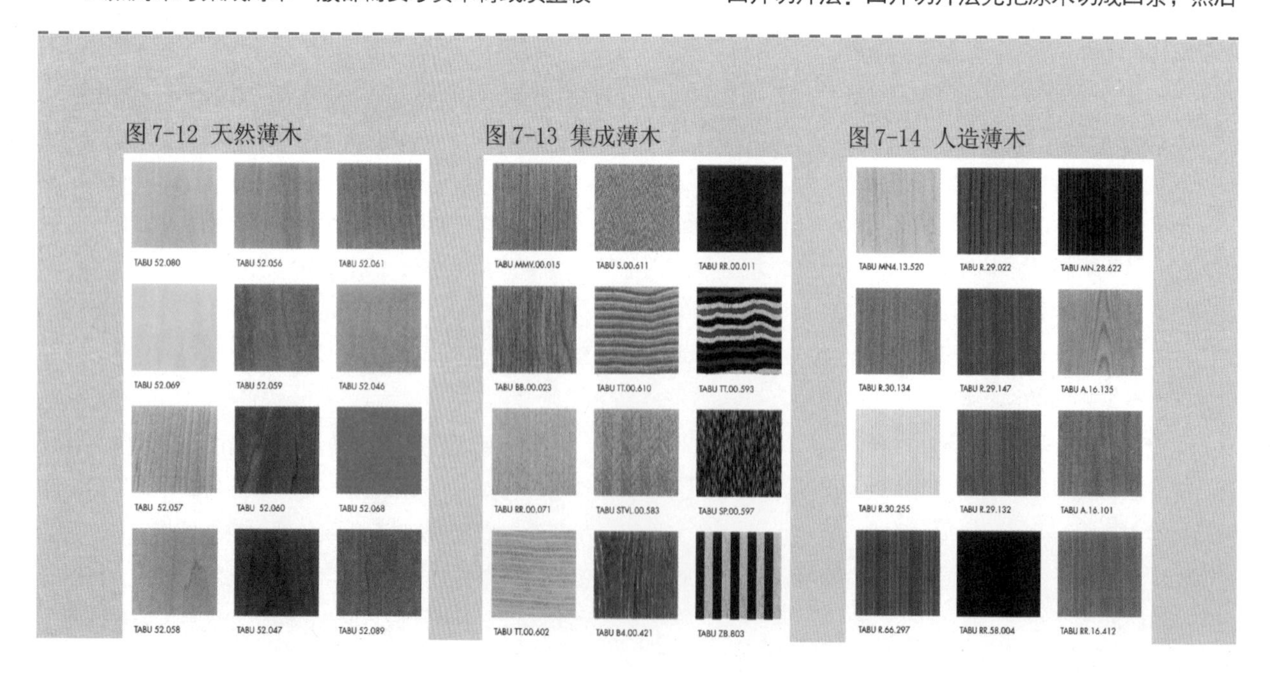

图7-12 天然薄木　图7-13 集成薄木　图7-14 人造薄木

表 1-1　天然装饰薄木的质量要求

缺陷名称		检验项目		各等级允许缺陷数量		
				特级	一级	二级
节子、孔洞、夹皮等		每米长板面上总个数	板宽≤20mm	1	1	1
			板宽>120mm	2	2	2
活节	阔叶树材	最大单个长径(mm)		20(小于 5 不计)	不　限	不　限
	针叶树材			5(小于 2 不计)	0(小于 5 不计) 20	(小于 10 不计)

把这种四开原木（料木）放于料木台上，使原木的年轮以接近直角的角度冲向切片刀，生产出一系列条纹的薄木片，有些品种木材的条纹为直纹，有些品种则为其他形状。四开切片法生产的薄木片宽度比平片法生产的窄，平均不足200mm，视原木大小而定。具有“雪花”外观的橡木薄木片，就是用四开切片法生产的。

半圆切片法：薄木片用一种与原木中心大致平行的弧面切片方法制造，以取得一种平面切片外观。

破切法：破切法薄木片采用各种橡木制造。原木先被切成四开木条。破切薄木片具有直木纹外观，切割时需定时改变切割角度，使切刀与四开位置保持大约15°的偏离角度，以避免产生“雪花”状图案。破切法生产的薄木片的宽度比平切法生产的窄，平均不足200mm，视原木大小而定。

纵向切片法：使一块平锯木板水平通过一把固定式切片刀，从木板底部切出一片薄木片。用这种方法生产的薄木片，其宽度和图案取决于所用的锯木的宽度及木纹图形，因而特别多变化。

三、装饰薄木的应用及质量要求

装饰薄木片目前大量用做胶合板、中密度纤维板、细木工板等人造板材的贴面材料，也用于家具部件、门窗、扶手及木线条的饰面。天然薄木的质量标准要求见表7－1。

第三节　木质装饰板

将木材实行有效的综合利用是保持可持续发展的需要，是保护自然、维持生态平衡的需要。

在木材加工业中，科学合理地进行加工，或将加工木材的剩余边脚料（刨花、锯屑、树皮、树枝等）粉碎后干燥、拌胶、压制，再与有机高分子树脂复合使用，不仅大大提高了木材的利用率，而且也改善了木制品的多种性能，真可谓一举多得。下面简要介绍几种在建筑装修装饰工程中常用的木制板材。

一　、胶合板

它是由原木旋切成大张薄片，再经胶合、热压而成的多层木制品。一般都为奇数层，常用的胶合板有三夹板、五夹板、七夹板、九夹板等。

1. 胶合板的特性

胶合板的优点在于幅面大而平整美观，不易干裂，尤其在其标准规格尺寸内用材时，避免了因接缝而影响牢固和整体的美观。

胶合板保持木材固有的低导热系数和电阻大的特性，并具有一定的隔火性、防腐性、防蛀性和良好的隔声、吸声、隔潮湿空气或隔其他气体的性能。

胶合板易于加工，如锯切、组接（胶粘、铁钉或射钉固定）、表面涂装，较薄的三层、五层胶合板，在一定的弧度内可进行弯曲造型。厚层胶合板可通过喷蒸加热使其软化，然后液压、弯曲、成型，并通过干燥处理，使其形状保持不变（图7－15和图7－16）。

2. 胶合板的分类

胶合板按使用胶的种类与板的特性分有以下四种：

Ⅰ类（NOF）以酚醛树脂作为胶粘剂的胶合板，可以耐沸水、耐外界气候变化，常用A表示。

Ⅱ类（NS）以酚醛树脂作为胶粘剂的胶合板。可以耐常温水，常用B表示。

Ⅲ类（NC） 以树脂含量低的酚醛树脂胶、动物胶、血胶作为胶粘剂的胶合板，只可耐潮，常用C表示。

Ⅳ类（BNC）以植物胶（豆胶）作为胶粘剂的胶合板，不耐潮，常用D表示。

3. 胶合板的优点

（1）美观、平整、大面积无疵病、无接缝；

（2）改善了木材的各向异性，收缩率小；

（3） 经济，提高了木材的利用率，可用44%～50%的胶合板代替100%的原木。

在建筑装修装饰工程中胶合板的用途广泛，主要用作各类家具、门窗套、踢脚板、窗帘盒、隔断造型、地板等基材，其表面可用薄木片、防火板、PVC贴面板、浸渍纸、无机涂料等贴面涂装。

4. 胶合板的常用规格

胶合板的常用规格为：1220mm×2440mm，厚度分别为3mm（三胶板）、5mm（五胶板）、9mm（九胶板）、12mm（十二胶板）。

二、细木工板

1. 细木工板的构成与性能

细木工板又称大芯板。它是由上、下两层的三夹板与中间的芯材组成，芯材是用一定规格的小木条拼合压挤而成。细木工板具有较大的硬度和强度，可耐热胀冷缩，板面平整，结构稳定，易于加工（图7－17）。其常用规格有1220mm×2440mm，厚度为16mm、19mm、22mm、25mm。

2. 细木工板的应用与选择

细木工板可通过胶粘剂、铁钉、射钉等进行组接，作为其他贴面板材或涂装的基材，广泛用于板式家具、门窗套、门扇、地板、隔断等。

细木工板用于板式衣柜门扇或其他较大的门扇时，不宜采用通板作基材，而要锯成条块组成结构架，否则易翘曲形变。

选择细木工板时，面层必须是优质胶合板，板芯拼木条应是密度大、缩水率小的优质树种，而且木条拼接密实度好，边角无缺损。

三、纤维板

纤维板是用木材采伐、加工后的剩余物以及农作物

图7－15 贴装饰薄木的胶合板（工程案例）

图7-16 贴装饰薄木的胶合板（工程案例）

图7-17 细木工板做装饰构造的基层（工程案例）

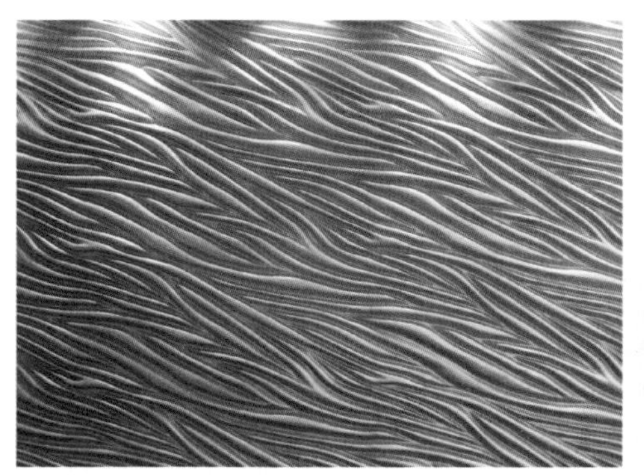

图7-18　立体浪板波浪起伏，律动感强

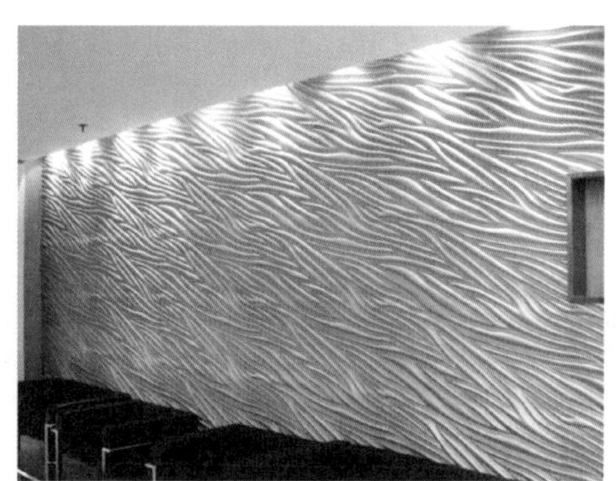
图7-19　立体浪板波浪起伏，律动感强

图7-20　直接用刨花板制作的隔断

的秸杆为原料，经纤维分离（粉碎、浸泡、研磨）、拌胶、湿压成型、干燥处理而成的人造板材。根据成型时的温度和压力的不同，纤维板有硬质纤维板、中高密度纤维板、软质纤维板三种。硬质纤维板密度大于0.8g/cm³，软质纤维板密度在0.5g/cm³～0.88g/cm³之间。

硬质纤维板可代替普通木板用作室内墙、地面材和门窗、家具等；软质纤维板则多用作吸声、绝热材料。

中密度纤维板表面平整光滑，组织结构均匀，密度适中，强度高，隔热、吸声，机械加工和耐水等性能良好。其规格有915mm×2135mm、1220mm×2135mm、1220mm×2440mm，厚度为3mm、6mm、9mm、10mm、12mm、16mm、18mm、19mm、25mm，常用规格有1220mm×2440mm，厚9mm、12mm、16mm。

中密度纤维板主要用作基材，如用于面贴木皮加特殊防火、防腐涂料处理而成的复合地板、组合壁板、组合橱柜等。

纤维板构造均匀，各向强度一致，不易胀缩、翘曲变形和开裂，抗弯与抗腐性能较好，并有一定的电绝缘性能，因而在建筑装修装饰工程和家具制作中，已成为一种不可缺少的木制半成品。

四、立体浪板

立体浪板是对中密度纤维板生产工艺的改进与创新，其不同之处在于，板坯采用刻有波浪的模板进行加压，成型后表面喷漆，进烘房干燥固化，成为烤漆的花纹板。这种装饰板比一般饰面板材厚很多，表面有波浪型立体花纹，凹凸起伏，律动感强，漆面光亮，有金属质感，时尚典雅，装饰效果好。立体浪板的最大优点是安装简单，可以不用基层板直接固定在墙面上即可（图7－18和图7－19）。

立体浪板的规格：2440×1220mm，厚度：12mm、15mm，表面颜色和花纹品种繁多，挑选余地大，主要用于室内立面的装饰，如装饰背景墙等，也可用于家具、房门的装饰。

五、刨花板、木屑板、木丝板

它是利用刨花碎片、短小废料加工刨制的刨花木丝、木屑等废料，经过机械加工成一定规格形状，再施加一定数量的胶粘剂和无毒性化学添加剂（防水剂、防火剂等），经机械或气流铺装成板坯，最后在一定的温度和压力下制成的人造板（图7－20）。

刨花板按结构分为覆面或不覆面两种。覆面刨花板是在其表面通过平压法、挤压法和涂装等加工方法，单面或双面粘结其他材料，如薄木贴面、PVC贴面、浸渍纸贴面、防火板贴面等，以及无机涂料饰面制成，增加表面的美观和强度。未覆面的刨花板、木屑板、木丝板强度小、造价低，但因其密度相对其他板材要小，不宜用于潮湿处，通常只用作吸声和隔热保温材料。

刨花板的常用规格有：1220mm×2440mm，厚度为6mm、8mm、10mm、13mm、16mm、19mm、25mm、30mm。

六、蜂巢板

蜂巢板是内芯用100～120g浸过胶液固化定型的牛皮纸、玻璃纤维布或铝片，根据定型部件规格要求，用定型规格的框架把内芯嵌入框架内，以二层单板或三层单板作为表面板，再用胶料胶压而成。蜂巢板的特点是质量轻、强度大、受力平均，耐压性能、抗震性能良好，并具有很好的隔声效果。

蜂巢板主要用于飞机及车船的内装饰、隔板、门，建筑物室内的隔墙、吊顶、门、护墙、活动房、地板等。

七、宝丽板

宝丽板又称华丽板，它是以三合板为基材，表面贴以特种花纹纸，并涂覆不饱和树脂经压合而成。这类板材的表面质量比胶合板有了很大的提高，不仅花纹纸的图案色彩使板材表面更为美观，而且由于多了一层表层树脂使得板材的防水性能、耐热性、易洁性得以改善。富丽板和宝丽板的区别仅在于宝丽板的表面少了一层树脂保护膜。

八、防火装饰板

防火装饰板又称为耐火板，它的面层为三聚氰胺甲醛树脂浸渍过的印有各种色彩、图案或纹理的纸及特制的金属箔片，里面各层都是酚醛树脂浸渍过的牛皮纸，经干燥后叠合在一起，在热压机中通过高温压制成的一种装饰饰面材料。防火装饰板厚度薄，一般不能单独使用，须粘贴在细木工板、中密度纤维板、刨花板等其他基层上使用。

饰面防火板具有防火、防潮、耐磨、耐酸碱、耐冲击、易保养等优点，表面色彩、图案丰富，质感细致，是办公家具、橱柜、卫生间隔断、实验室等饰面的良好用材。

第四节　木质地板

使用木材做为地面装饰材料的历史已有几千年了，由于木材具有良好独特的性能，至今仍然深受人们的喜爱。木质地板主要包括实木地板、多层复合木地板、复合强化地板、竹地板、软木地板。以其加工形状不同有企口地板与无企口地板，企口地板又分为双面企口与四面企口地板；以其长度分长、中、短三种地板；若以其表面是否油漆又分为免漆板与素板地板。

一、实木地板

实木地板是用天然木材经锯解、干燥后直接加工成不同几何单元的地板，其特点是断面结构为单层，充分

图 7-21　实木装饰地板

图 7-22　实木装饰地板

保留了木材的天然性质。按市场销售的实木地板形式，有实木地板条、拼花实木地板块和立木地板三种形式。近些年来，虽然有不同类别的地板大量涌入市场，但实木地板以它不可替代的优良性能稳定地占领着一定的市场份额（图7－21和图7－22）。

1. 实木地板的树种

实木地板由于未经结构重组和与其他材料复合加工，对树种的要求相对较高，品质、价格也由树种而异。一般来说，地板用材以阔叶材为多，针叶材较少。

实木地板的树种分国产与进口两大类。

（1）国产材

国产材应用较多的为：水曲柳、榉木、柞木、花梨木、檀木、麻栎、高山栎、水青冈、红青冈、槐木、核桃木、枫桦、红桦、白桦、擦木、黄锥、红锥、楸木等。

（2）进口材

进口材地板应用较多的大致为：枫木、橡木、樱桃木、榉木、紫檀、印茄木、铁心木、柚木、花梨木、甘巴豆、酸枝木、铁刀木、木夹豆、水青冈等。

2. 实木地板的规格

（1）长地板

长地板规格为（1500～4000mm）×（50～100mm）×（15～20mm）。

（2）中地板

中地板规格为（600～1500mm）×（50～100mm）×（15～20mm）。

（3）短地板

短地板又称拼花地板，规格为（120～500mm）×（25～50mm）×（8～20mm）。

3. 多层复合实木地板

多层复合木地板是利用比较珍贵、稀少的天然木材或木材中的优良部分作表层，材质较差的天然木材料作芯层或底层，经高温压制成的多层结构的地板。多层复合木地板能充分利用优质材料，提高木材的合理利用率，同时所采用的加工工艺也不同程度地提高了产品的物理力学性能。

多层复合木地板的特点是：充分利用珍贵木材和普通小规格木材，结构合理，翘曲变形小，具有良好的弹性；板面规格大，安装方便，装饰效果好。这种地板的尺寸一般为2200mm×184mm×15mm、1802mm×303mm×15mm、1802mm×150mm×15mm、1200mm×150mm×15mm、800mm×150mm×15mm。

二、复合强化木地板

复合强化木地板起源于欧洲，由于具有独特的性能，短短的20年内便风靡全球。复合强化木地板自上世纪90年代初由国外大量涌入我国市场，它的品种已多达上百种，应用范围几乎从家庭到公共建筑环境的各个领域。

1. 复合强化木地板的结构

复合强化木地板的断面结构通常由四层组成，自下而上分别为：

（1）平衡底层。即树脂板定形平衡层，是用浸渍酚醛树脂的牛皮纸做成，具有一定的厚度和机械强度。除确保外形固定、完美以外，尚具有良好的防潮和阻燃作用。

（2）高密度纤维板层。即木纤维层热压强化板，硬度很高，能承受重击及负重，不会出现凹痕、辙痕，并能防腐蚀、防潮、防蛀。

（3）图案层。即彩色印刷层，可印刷出橡木、榉木、枫木、樱桃木、桤木等逼真的木质花纹，使自然木纹得以艺术再现。

（4）保护膜。即透明耐磨层，含有一氧化二铝、碳化硅等的涂覆层，具有极好的耐磨性能，用Taber磨测试，其耐磨损性为原木地板的10～20倍；此外，该表层还具有良好的防滑、阻燃性能。

2. 复合强化木地板的特点

（1）优良的物理性能。具有抗热阻燃，耐酸耐碱，耐磨抗压，不染污渍，以及很高的胶合强度与耐冲击性能。

（2）安装方便，维护简单。锁扣安装，严丝合缝和快的辅装速度，无需擦蜡保洁，保养十分容易省力。

（3）美观环保，使用寿命长。自然本色；环保基材，免胶安装，牢固安全，具有长久的使用寿命。

三、竹地板

我国是竹材生产大国，有着丰富的竹类资源，因此，近年来国内采用竹材作为地板材料的发展势头相当迅猛。

竹材地板质地坚硬，色泽淡雅统一，尺寸稳定耐用，能充分保留其天然性质，古朴典雅，温馨精美，是家居、酒店、宾馆、办公楼、公园的优质环保装饰材料（图7－23和图7－24）。

竹地板又分为纯竹质地板和竹木复合地板两种。经独特的加工工艺高温、高压压制而成，具有抗压、耐磨、耐腐蚀、色泽持久不变、环保无害、易于护理等特点。

四、软木地板

软木是以栎树栓皮为原料，经过粉碎、拌合、热压而成的一种高档材料，颗粒结构呈蜂窝状，作为一种优质的天然材料，具有良好的保温性、柔软性、吸声性和耐久性，其吸水率近于零，是理想的高级装饰材料（图7－25）。

软木地板是将软木颗粒用现代工艺手段压制成规格片块，表面有透明的树脂耐磨层，下面有PVC防潮层，这是一种优良的天然地板材料。其外观自然、美观，并具有防滑、耐磨、抗污、防潮、有弹性、脚感舒适等特点。此外软木地板还具有抗静电、耐压、保温、吸声、阻燃的功能。

软木地板属于一种薄型地板，厚度只有3-5mm，软木地板有长方形和方块形两种，长方形规格一般为900mm×150mm、600mm×300mm、500mm×300mm，正方形一般为300mm×300mm。

软木地板是一种高档的无声地板，主要用于高级宾馆、计算机房、播音室、幼儿园的地面铺装。

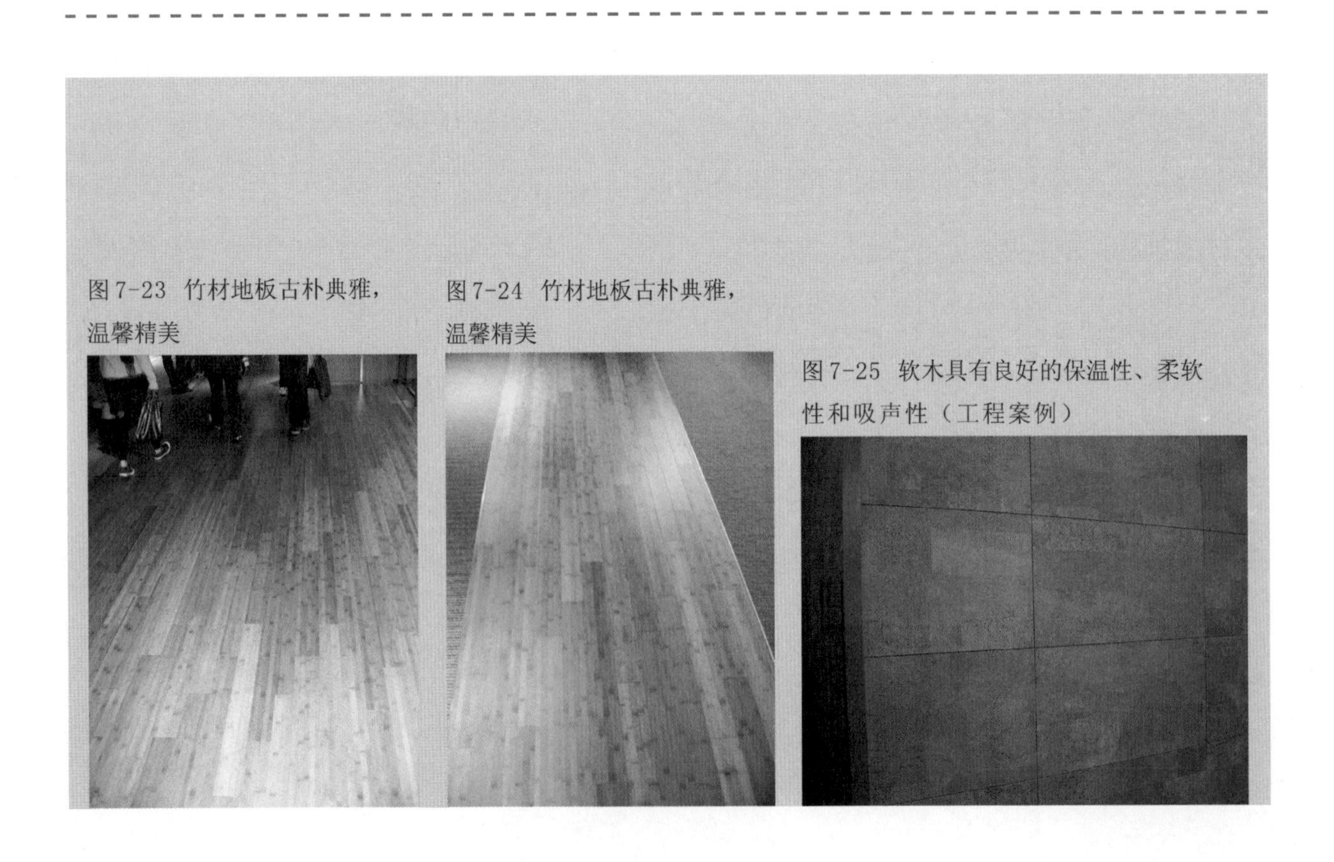

图7-23 竹材地板古朴典雅，温馨精美

图7-24 竹材地板古朴典雅，温馨精美

图7-25 软木具有良好的保温性、柔软性和吸声性（工程案例）

第八章

金属龙骨与饰面材料

第一节　轻钢龙骨

金属龙骨分为轻钢龙骨、铝合金龙骨二大类。主要用于室内吊顶、隔断、隔墙等场合。轻钢龙骨和铝合金龙骨是以冷轧镀锌薄钢板、铝合金板为主要原材料，轧制成各种轻薄型材后组合安装而成的一种金属骨架。

轻钢龙骨是用冷轧钢板（带）、镀锌钢板（带）或彩色涂层钢板（带）由特制轧机以多道工艺轧制而成，具有强度大、通用性强、防火、易安装等优点。轻钢龙骨配以不同材质、不同花色的罩面板，如石膏板、钙塑板、吸声板、矿棉板等，既可以改善室内的使用条件，例如热学、声学特性，又能体现不同的装饰艺术和风格（图8－1~图8－4）。

一 、轻钢龙骨的特点

（1）强度大，自重轻

轻钢龙骨的承载能力较强，且自身重量很轻。以吊顶龙骨为骨架，与9.5mm厚纸面石膏板组成的吊顶每平方米重量约为8Kg左右，相当手抹灰吊顶重量的1/4，而龙骨用钢量约3kg左右。

（2）通用性强，安装方便

能适用各类场所的吊顶和隔断的装饰，可按设计需要灵活布置选用饰面材料，装配化的施工和作业能改善劳动条件，降低劳动强度，加快施工进度。

（3）防锈、防火

轻钢龙骨的防锈、防火性能经试验均达到设计标准。

二、轻钢龙骨的分类

轻钢龙骨按材质分，有镀锌钢板龙骨和薄壁冷轧退火卷带龙骨；按龙骨断面分，有U形龙骨、C形龙骨、T形龙骨及L形龙骨，但大多做成U形龙骨和C形龙骨；按用途分，有吊顶龙骨（代号D）和隔断龙骨（代号Q）。吊顶龙骨有主龙骨（又叫大龙骨、承重龙骨）和次龙骨（又叫覆面龙骨，包括中龙骨、小龙骨）。隔断龙骨则有竖向龙骨、横向龙骨和通贯龙骨等。

（1）U形龙骨

吊顶、隔断轻钢龙骨的断面形状以U形居多。U形轻钢龙骨通常由主龙骨、中龙骨、横撑龙骨、吊挂件、接插件和挂插件等组成。根据主龙骨的断面尺寸大小，即根据龙骨的负载能力及其适应的吊点距离的不同，通常将U形轻钢龙骨分为38、50、60三种不同的系列。38系列适用于吊点距离0.8～1.0m不上人吊顶；50系列适用于吊点距离0.8m～1.2m不上人吊顶，但其主龙骨可承受80kg的检修荷载；60系列适用于吊点距离0.8m～1.2m不上人型或上人型吊顶，主龙骨可承受100kg检修荷载。隔断龙骨主要分为50、70、100三种系列。龙骨的承重能力与龙

图8-1　装饰艺术风格独特的轻钢龙骨饰面板吊顶

图8-2　报告厅弧形层次吊顶（工程案例）

图8-3　报告厅弧形层次吊顶（工程案例）

图8-4 办公室钢龙骨石膏板吊顶（工程案例）

图8-5 U形轻钢龙骨（工程案例）

图8-6 U形轻钢龙骨石膏板吊顶（工程案例）

图8-7 T形龙骨（工程案例）

图8-8 T形龙骨钙塑板吊顶（工程案例）

图8-9 纸面石膏板吊顶（工程案例）

骨的壁厚大小及吊杆粗细有关（图8－5和图8－6）。

（2）T形龙骨

T形龙骨只作为吊顶专用，T形吊顶龙骨有轻钢型的和铝合金型的两种，过去绝大多数是用铝合金材料制作的，近几年发展起来的烤漆龙骨和不锈钢面龙骨也深受用户喜爱。T形吊顶龙骨的特点是：（1）体轻，龙骨（包括零配件）质量每平方米只有1.5kg左右；（2）吊顶龙骨与顶棚组成600mm×600m、500mm×500mm、450mm×450mm等的方格，不需要大幅面的吊顶板材，因此各种吊顶材料都可适用，规格也比较灵活；（3）T形龙骨材料经过电氧化或烤漆处理，龙骨呈方格外露的部位光亮、不锈、色调柔和，使整个吊顶更加美观大方；（4）安装方便，防火、抗震性能良好（图8－7和图8－8）。

T形龙骨其承载主龙骨及其吊顶布置与U形龙骨吊顶相同，T形龙骨的上人或不上人龙骨中距都应小于1200mm，吊点为800～1200mm一个，中小龙骨中距为600mm。中龙骨垂直固定于大龙骨下，小龙骨垂直搭接在中龙骨的翼缘上。吊杆采用Φ6～Φ10mm钢筋。

第二节　石膏板

一、纸面石膏板

1. 纸面石膏板的品种

纸面石膏板是以二水石膏为主要原料，掺入适量纤维、胶粘剂、促凝剂、缓凝剂，经料浆配制、成型、切割、烘干而成的板芯，四面包以特制的护面纸牢固地结合在一起而制成的石膏板。它具有质轻、高强、防火、隔声、收缩小、加工性能好等优点。纸面石膏板可以分为普通纸面石膏板、防潮纸面石膏板和防火纸面石膏板。

（1）普通纸面石膏板（象牙灰色纸面）

是以建筑石膏为主要原料，一般没有经过特殊的防火、防水处理的纸面石膏板。板内含有1%的游离水和20%的结晶水分，可以在遇到火灾时产生蒸汽，降低板面的温度，起到防火的作用。普通纸面石膏板的特点是

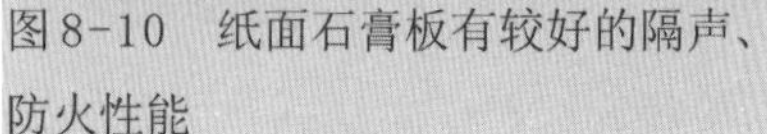

图8-10 纸面石膏板有较好的隔声、防火性能

图8-11 硅钙石膏装饰板

图8-12 方形金属冲孔板（工程案例）

尺寸稳定，干燥收缩小，自重小，材质轻，有较好的隔声、防火性能。普通纸面石膏板不适用于极端温度和湿度的地区，温度大于50℃会降低石膏板物理性能及效用，湿度超过90%或过于潮湿也会降低其效用（图8－9和图8－10）。

（2）防潮纸面石膏板（绿色纸面）

是由纯度不低于80％的高品质石膏加上硅酮添加剂，与高质量的防潮纸面经特殊工艺制成。高品质的防潮纸面能更深层的防止潮气，并含有杀菌剂，可以防止生霉，适用于外表更易于受潮的场所，比如浴室、厨房、卫生间等。

（3）防火纸面石膏板（粉红色纸面）

是由纯度不低于80％的高品质石膏加上特殊的防火、阻燃添加剂与经防火处理纸浆制造出的优良纸面制成。防火纸面石膏板可作为A级内装修材料使用。

2. 纸面石膏板的规格

纸面石膏板的规格见表8－1

二、布面石膏板

布面石膏板是以建筑石膏为主要原料，以特制的纸布复合材料作为护面材料牢固地结合在一起而制成的石膏板。布面石膏板表层为网状凹凸设计，刮上装修腻子灰后犹如一张钢网，强度高于纸面石膏板。

布面石膏板利用纤维纸高温膨胀、化纤布高温收缩的原理，将纸布板粘压固化为一体，并用网状接缝带进行接缝处理，不裂缝，布面石膏板防火性能经国家防火

表8-1 纸面石膏板的规格

名　称	边　形	长(mm)	宽(mm)	厚(mm)
普通纸面石膏板	楔形边 直角边 45° 倒角边	1800 2400 2700 3000 3600	900 1200	9.5 12 15
防火纸面石膏板	楔形边 直角边 45° 倒角边	1800 2400 2700 3000 3600	900 1200	9.6 12 15
防潮纸面石膏板	楔形边 直角边 45° 倒角边	1800 2400 2700 3000	1200	9.5 12 15

检测中心检测，燃烧达到GB 8624 B1级。另外，布面石膏板网状布与表面涂料牢固的粘结性好，抗折强度高，附着力强，不分层、不脱落、有效地减少了危害人体健康的化学物质。布面石膏板还具有较强的耐水、防潮、抗污等性能，易洁，隔声效果完全达到了国家标准。

三、硅钙石膏板

硅钙石膏板是以石膏粉、纤维钙质、硅质材料加入高强抗水化学配方，经养护而成的新型装饰材料。硅钙石膏板具有优良的抗水特性（图8－11）。

硅钙石膏板的规格有：300mm×300mm×12mm、500mm×500mm×12.5mm、400mm×400mm×12mm、600mm×600mm×（12.5～14.5mm）

四、纤维石膏板

无纸面纤维石膏板又称为纤维增强石膏板，是一种以优质天然石膏粉、纤维丝、纤维网格布及其他化学材料浇注成型的石膏板。这种石膏板用于吊顶可任意造型；用于隔墙板材时，一般中间用轻钢隔墙龙骨，双面用无纸面纤维石膏板与龙骨胶凝结，也可用自攻螺丝钉将板面紧固在隔墙龙骨上，板厚一般9mm、12mm。

第三节　金属饰面板

一、金属吊顶饰面板

金属装饰吊顶板是以铝合金、不锈钢板、喷塑钢板、烤漆钢板为基板，经特殊加工处理而成。

1. 方形金属顶棚板

方形金属顶棚板有无孔和冲孔两种形式，材质可根据需要选择。冲孔板又称为微孔吸声板，孔型有多种图案组合方式，表面色彩可按客户要求进行调色。

方形金属顶棚板的配套龙骨分为明装式（T型龙骨）和暗装式（三角龙骨），方板的规格有：300mm×300mm×（0.6～0.8）mm、600mm×600mm×（0.6～1.0）mm、900mm×900mm×（0.8～1.5）mm、1200mm×l200mm×（1.5～2.0）mm（图8－12）。

2. 条形金属顶棚板

条形金属顶棚板又称条形扣板，有无孔和冲孔两种形式，常用的条形扣板有C形条扣板、U形条扣板、H形条扣板。规格一般为宽度：30～300mm；长度：1000～5800mm；厚度：0.5～1.0mm（图8－13）。

3. 格栅顶棚

格栅顶棚由有孔的槽形格栅片组合成的开透形吊顶，是一种通透、轻盈、安装结构简便的吊顶，具有强烈的视觉效果。使用开透式的方格吊顶，能将风口、空调、照明、喷淋等设施安装于方格内，有效地利用室内空间（图8－14和图8－15）。

格栅顶棚的组条截面规格一般高度为80mm、50mm、40mm、22mm；宽度为20mm、15mm、10mm。

标准模数（间距）为200mm×200mm、150mm×l50mm、120mm×120mm、100mm×100mm、86mm×86mm、75mm×75mm、50mm×50mm。

图8-13　条形金属顶棚板（工程案例）

图8-14　格栅顶棚具有强烈的视觉效果

图8-15　格栅顶棚具有强烈的视觉效果

金属吊顶板除上述装饰板外，还有一些具有装饰功能的金属吊顶板，如金属挂片系列、立体方盒组合顶棚板（图8－16）、非标准型顶棚板等（图8－17和图8－18），这些金属吊顶装饰材料都具有很高的功能性和独特的艺术欣赏性。

第四节　其他装饰板

一、矿棉装饰吸声板

矿棉装饰吸声板又名矿棉装饰板或矿棉吸声板或简称矿棉板，是以矿渣棉为主要原料，加入适量粘合剂，经加压、烘干、饰面等工艺加工而成，具有轻质、吸声、防火、保温、隔热等优异性能，适用于宾馆、会议大厦、机场候机大厅、影剧院等公共建筑吊顶装饰。

矿棉装饰吸声板有辊花、浮雕、立体等17个图案70多个规格，是集防火、吸声、装饰、隔热为一体的顶棚装饰材料。它主要适用于T形吊顶龙骨，有复合粘贴、暗龙骨、明龙骨、明暗龙骨几种吊装施工形式（图8－19）。

常用规格有：1200mm×600mm×15mm、600mm×600mm×（12～15）mm、600mm×300mm×（9～15）mm。

二、珍珠岩装饰吸音板

珍珠岩装饰吸声板又名珍珠岩吸声板。系以膨胀珍珠岩粉及石膏、水玻璃配以其他辅料，经拌合加工，加入配筋材料压制成型，并经热处理固化而成。产品具有质轻、美观、吸声、隔热等特点，可用于顶棚、室内墙面等处装饰。

珍珠岩装饰吸声板有普通珍珠岩装饰吸音板和防潮珍珠岩装饰吸声板两种，常用规格有600mm×600mm×（15～20）mm、500mm×500mm×（15～20）mm、400mm×400mm×（15～20）mm。

三、钙塑泡沫装饰吸声板

钙塑泡沫装饰吸声板是以高压聚乙烯树脂加入无机填料轻质碳酸钙或氢氧化铝、发泡剂、交联剂、润滑剂、颜料等经混炼、模压、发泡成型而成。有一般板和加入阻燃剂的难燃泡沫装饰板两种。其表面有各种凹凸图案及穿孔图案。这种材料具有质轻、吸声、隔热、耐水及施工方便等优点，适用于大会堂、办公室、影剧院、医院、宾馆及家庭的顶棚或内墙装饰。

钙塑泡沫装饰吸声板的规格为：边长有300mm、400mm、500mm、600mm等，厚度有4mm、6mm、7mm、8mm、10mm等几种。

四、水泥木屑装饰顶棚板

水泥木屑（刨花）装饰顶棚板水泥为胶凝材料，以木料加工过程的下脚料（木屑、刨花）或非木质原料（棉杆、蔗渣）为增强材料，经过化学溶液的浸透，然后拌合水泥，混合搅拌入模成型加压、热蒸、凝固、干燥而成的装饰板材（图8－20）。

图8-16　立体方盒组合顶棚板

图8-17　展厅顶棚装饰的异型金属板（工程案例）

图8-18　展厅顶棚装饰的异型金属板（工程案例）

图8-19 矿棉装饰吸声板

图8-20 纤维水泥装饰板

图8-21 硅钙板隔声、隔热、不燃、防水性能强

产品具有强度高、防火、防水、防蛀、隔热和较好的加工性等特点，表面可喷涂料，可粘贴各种装饰材料。

水泥木屑装饰顶棚板的规格为：长度1800mm～3600mm，宽度600mm～1200mm，厚度4 mm～20mm。

五、岩棉夹芯氧化镁（防火）板

岩棉夹芯氧化镁板为新型超级防火板，能有效阻断火焰扩散，且不会产生烟雾及有毒气体。耐火极限达3h以上，符合建筑设计防火规范各种分间墙的规定。另外，它还具备良好的耐冲击性、隔声性及优越的耐潮不反卤性能。

岩棉夹芯氧化镁板是高强度、高稳定性产品，具有十分方便的施工性质，使用木工电锯裁切即可，螺钉吊挂力极强，表面装修可使用涂料、壁纸、木皮、瓷砖及石材等材料。

岩棉夹芯氧化镁板的规格有：2440mm×1220mm×（10～18）mm、1830mm×915mm×（10～18）mm。

六、硅钙板

硅钙板又称酸钙板，其原材料来源广泛。硅质原料采用石英砂磨粉、硅澡土或粉煤灰，钙质原料为生石灰、消石灰、电石泥和水泥，增强材料为石棉、纸浆等。原料经配料、制浆、成型、压蒸养护、烘干、砂光而制成板材。产品具有质轻、高强、隔声、隔热、不燃、防水等性能，可加工性好，是一种理想的室内隔墙或吊顶装饰材料，广泛用于公共建筑防火要求较高的宾馆、饭店、办公楼、影剧院内墙或吊顶。经消防部门按GB8624标准检测，产品防火性能可达A级不燃指标（图8－21）。

七、石棉水泥装饰顶棚板

石棉水泥装饰顶棚板是以湿石棉和普通水泥为主要原料，经抄坯、压制、养护而成的薄型建筑装饰板材。如将湿坯用液压孔机冲孔，则可制得穿孔板，具有装饰及吸声功能。

石棉水泥装饰顶棚板具有质量轻、强度高、耐腐、耐火、耐热、抗冻、绝缘等性能，板面质地均匀，着色力强，并可锯、可钻、可钉，安装方便，适用于建筑物吊顶、内外墙板。

石棉水泥装饰顶棚板的规格为：长度985～3000mm，宽度800～1200mm，厚度3 ～10mm。

八、纸面稻草装饰板

纸面稻草板是以洁净、干燥的稻草为原料，经处理、热压成型，表面用树脂胶牢固粘结高强硬纸而成。产品外型规整，表面平滑，棱线分明且交成直角或倒角，具有良好的保温、隔声性能。产品强度高，质量轻，刚性好，难燃，可加工性好，适用于现代酒店、办公楼、影剧院、住宅内墙或吊顶。

第九章

装饰五金及其他金属材料

第一节　装饰五金配件
第二节　装饰用不锈钢
第三节　装饰用铝合金
第四节　其他金属材料

第一节　装饰五金配件

随着现代装饰材料及装饰设备的日益更新，与之相配套的装饰五金配件也在向多功能、多品种方面发展。装饰五金配件主要包括门窗五金配件、家具五金配件、卫生洁具五金配件及紧固件五金配件等。这些五金配件以其合理的选材、精心的设计，与主体构件巧妙地搭配，共同保证了建筑装饰的工程质量，是建筑装饰材料必不可少的重要组成部分。

一、门窗五金配件

1.门锁类

（1）门锁的分类

建筑装饰门锁的种类很多，其功能也有所不同。按其结构形式可分为：弹子结构门锁、叶片结构门锁、磁性结构门锁、密码结构门锁、电子编码结构门锁等。按门锁的安装形式分为：外装门锁、插芯门锁、球形门锁等。

（2）门锁的组成及性能

门锁一般是由锁头、锁芯、弹子（或叶片等）、弹簧、锁舌、锁壳、锁扣盒、保险钮（或电子卡片）等零件组成。它的质量性能要求有：保密度、灵活度、耐用度、开启率及闭合率等。

2.门拉手及执手

门拉手及执手是用以方便关闭或开启门扇的一类五金配件，它有门锁拉手及门扇拉手之分。门锁拉手及执手是指与建筑门锁相配套使用的，与锁具连成一个整体的五金配件。它的品种一般有圆角覆板夹角弯执手、圆角覆板弯曲弯执手、双角覆板弯曲弯执手、凹圆形拉手和球形拉手等。门拉手的材料种类较多，有不锈钢拉手、铝合金拉手、铜拉手、石材拉手、木材拉手、玻璃及有机玻璃拉手等（图9－1~图9－3）。

3.门定位器

门定位器是指能将门扇固定在开启后的某一处位置的五金配件，它能有效地防止门扇被风或其它情况下移动而关上并发出声响甚至撞伤门扇，同时，也防止开门时用力过猛门扇及门把手碰撞墙壁。

4.自动闭门器

自动闭门器是门扇开启控制自动闭合的装置。闭门器的种类有：地弹簧闭门器、门顶弹簧闭门器及门夹、门底弹簧、鼠尾弹簧等。

5.合页

合页又称铰链，它是门窗或窗扇关闭和开启的转动枢纽。用于门窗和家具的合页种类繁多，一般选用不同

图9-1　与锁具连成一个整体的不锈钢门锁执手

图9-2　与锁具连成一个整体的铜门锁执手（工程案例）

图9-3　漂亮的装饰图案铜拉手

的材料冲压成型。除普通合页以外，还有插芯合页、轻质薄合页、方合页、抽心合页、单（双）管式弹簧合页、H型合页、斜面脱卸合页、蝴蝶合页、单旗合页、轴承合页、双轴合页、尼龙垫圈无声合页、纱门弹簧合页、扇形合页等。合页的材质有普通钢材、不锈钢和铜合金等。

6.插销

插销起固定门扇的作用，常用品种有普通钢插销、翻窗插销、暗插销、门用横插销、管型插销、F型插销和各种铜插销等。

7.其它小五金

小五金主要有窗钩、弹簧碰珠、磁性磁吸、弹弓珠、移门吊轨及滑轮、全玻璃门连接固定件等。

二、卫生洁具五金配件

卫生洁具五金配件是指与卫生间内的洗面盆、浴缸、淋浴盆、坐便器、小便斗等洁具相配套使用的五金配件。

1. 洗面盆配件

洗面盆配件是由龙头、进水阀和排水阀组成。

（1）龙头

洗面盆龙头是洗面用水源的开关，它的型式往往与洗面盆的型式相配套（图9－4~图9－6）。洗面盆龙头由阀体、密封件、冷水或热水开关、混合龙头、护盘、三通、节水消音器等部件组成。

洗面盆龙头的型式有：单手柄洗面盆龙头、双手柄洗面盆龙头（单孔安装、二孔安装、三孔安装）、普通洗面盆水嘴。

（2）进水阀和排水阀

进水阀和排水阀是用来控制进水和排水的洗面盘配套五金件。

2. 浴盆花洒配件

浴盆花洒配件即淋浴器配件，是指卫生间或浴室淋浴水源开关的总称。一般由阀体、密封件、冷热水龙头（混合龙头）、手柄（或开关）、进出水管、喷头等组成。

浴盆花洒配件的种类有：单手柄淋浴器、双手柄淋浴器、升降式淋浴器及固定式淋浴喷头等（图9－7和图9－8）。

随着科技水平的发展和人们节水节能意识的提高，生产厂家在追寻功能与设计的同时，为我们提供了能节约用水与控制能量的新型洗浴花洒及配件，如恒温龙头、双冲卫浴系统与电子感应龙头等，这些新的产品让人们得以用一种全新的方式去享受沐浴的快乐（图9－9）。

3. 便器配件

便器配件是指用于卫生间与坐便器配套，作冲洗大、小便的感应器、水源开关及其配件。

图 9-4　洗面盆龙头

图9-5　简洁、光亮的不锈钢龙头，配合清澈、透明的浴缸及洗脸盆，呈现出独特的美丽

图 9-6　光影绽放的 TOTO 台上盆

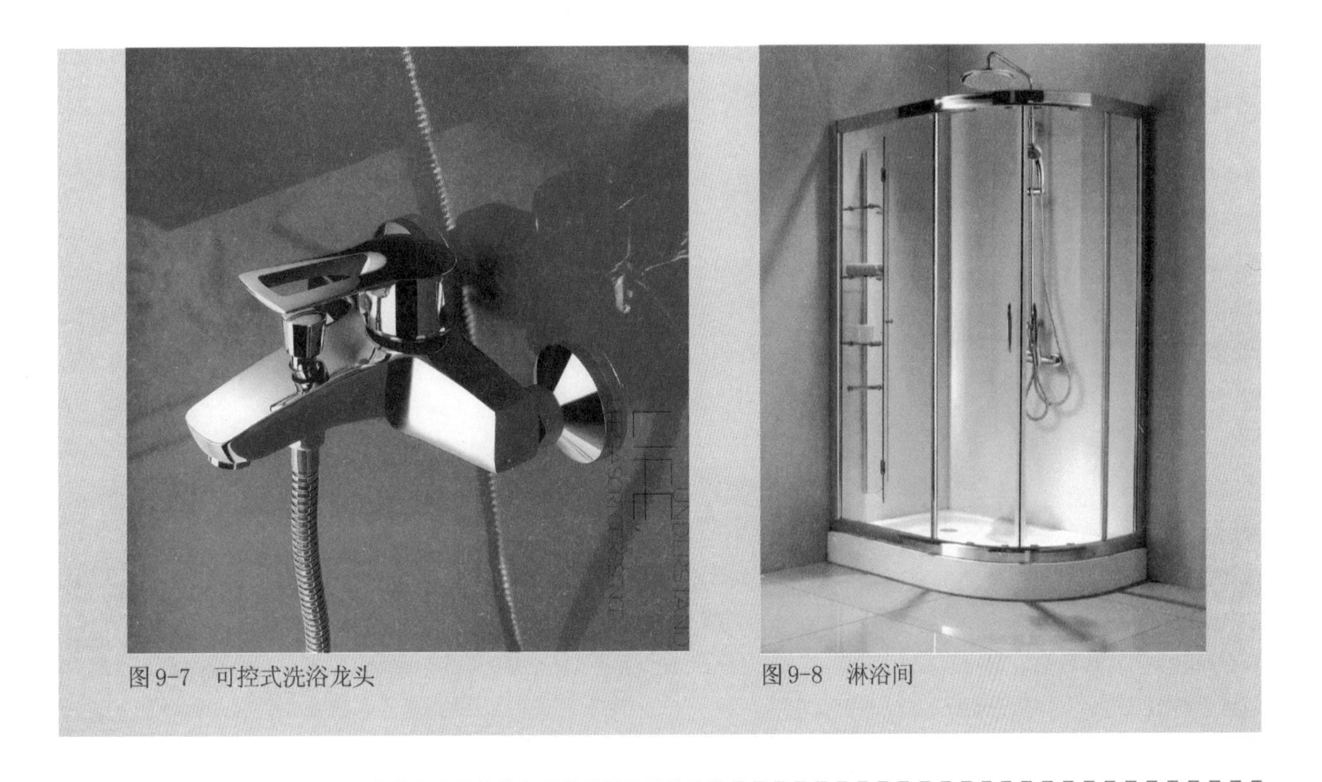

图 9-7 可控式洗浴龙头

图 9-8 淋浴间

便器配件的具体品种有：坐便器配件、蹲便器配件、集中自动冲洗器、自闭冲洗器和小便器配件等（图9－10）。

4. 五金小挂件

卫生洁具小挂件是指毛巾架、毛巾环、肥皂盘架、马桶刷架、卫生纸架、衣钩、置物架等五金配件（图9－11~图9-14）。

第二节　装饰用不锈钢

不锈钢是在一定介质下不受腐蚀或抗腐蚀性很高的钢。不锈钢具有特殊的物理和化学性能，属于特殊性能的钢，是一种重要的建筑装饰工程材料。

一、不锈钢的特点

不锈钢是以加铬元素为主并且加入镍、锰、钛、硅等其他元素的合金钢。因此不锈钢具有较强的抗腐性能，在空气中或化学腐蚀中不易锈蚀，可以较长时间地保持初始的装饰效果。同时它的强度和硬度大，又有着良好的塑

图 9-9 时尚、便捷的节水型花洒

图9-10　卫生便器及五金配件

图9-11　小巧玲珑的不锈钢置物架

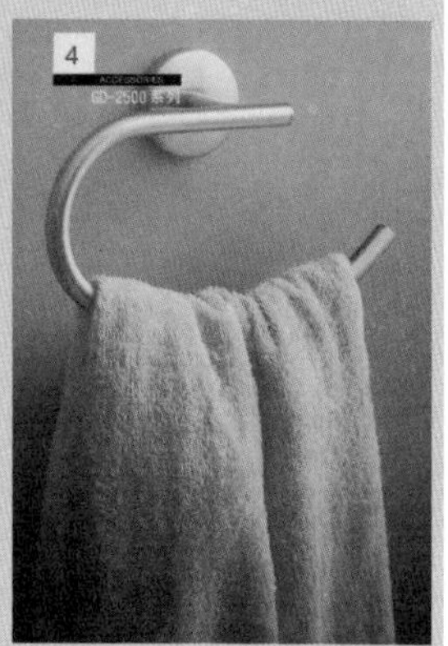

图9-12　不锈钢毛巾环

图9-13　不锈钢卫生架

图9-14　不锈钢衣钩

图9-15 不锈钢雍容华贵、金碧辉煌的艺术效果（工程案例）

性和韧性，在施工和使用过程中不易发生变形。

不锈钢还具备其特有的光泽和质感，表面光洁度高，具有良好的自洁性能，普遍用于室内外的饰面装饰，不需要进行表面维护。特别是镜面不锈钢还可以利用其镜面的反射作用，取得与周围环境中的各种色彩、景物交相辉映的装饰效果。用钛金不锈钢和彩色不锈钢进行画龙点睛地巧妙设计，更能显示其雍容华贵、金碧辉煌的艺术效果（图9－15）。

二、不锈钢制品的种类

不锈钢制品按外形可分为板材和管材两大类。

1. 不锈钢板

装饰用不锈钢板主要是薄钢板，不锈钢板的规格基本一样，长宽尺寸有两种规格，分别为2438×1219mm和3048×1219mm，以厚度小于2mm的使用得最多。

不锈钢板根据表面装饰特性，可分为如下几种：

（1）镜面不锈钢板。镜面不锈钢板可以像镜子一样光亮照人，其光线反射率高达90%以上，具有光洁明亮、豪华气派、坚固耐用、不生锈、易清洁等优点。

（2）亚光不锈钢板。亚光板是指反光率在50%以下的不锈钢板，其光线柔和，不刺眼，平整光滑。通常使用的亚光板其反光率为24%～28%。

（3）浮雕不锈钢板。浮雕不锈钢板表面不仅有光泽，而且还有立体感的浮雕装饰图案，它是经辊压加工，然后用特种磨料研磨或腐蚀雕刻而成。一般腐蚀雕刻深度为0.015～0.05mm，钢板在雕刻前，必须先经过正常的研磨和抛光，比较费工，所以价格较高。

（4）钛金镜面板。钛金是采用多弧等离子体放电技术使钛或其他金属材料在真空室中蒸发气化并反应生成氮化钛（TiN），然后沉积在工件上，形成一种高硬、耐磨、自润滑性好的优质镀膜层，镀膜层的颜色主要有黑色、亮灰色、七彩色、金黄色等。

不锈钢板广泛应用于宾馆、酒店、商场、银行、机场等建筑物的室内外墙面装饰，也常被用于室内柱、顶棚、橱窗、吧台、服务台及其他局部饰面装饰（图9－16）。

2. 不锈钢管材

不锈钢管材有圆管、方管、矩形管之分，它们广泛应用于室内外的管状装饰，如门拉手、栏杆扶手、防盗门窗等。

第三节　装饰用铝合金

铝合金是在纯铝中加入铜、镁、锰、锌、硅、铬等合金元素后形成，其化学性质得到改进，机械性能也有

图9-16　不锈钢雍容华贵、金碧辉煌的艺术效果（工程案例）

图9-17　色泽柔和的铝合金与软包饰面相结合

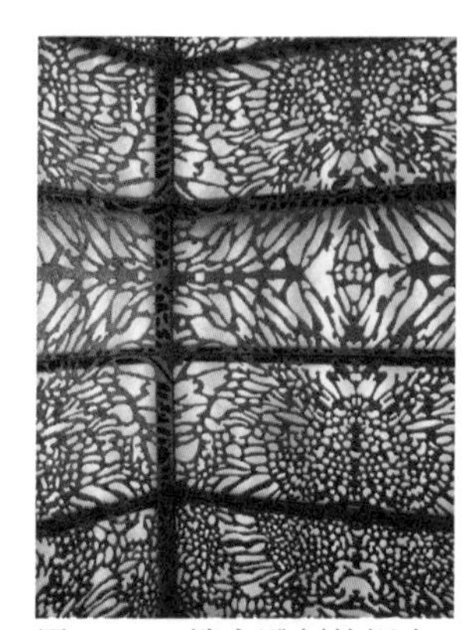

图9-18　镂空雕刻的铝合金装饰板

图 9-19 顶部的铝合金冲孔单板配与LED 灯的应用（工程案例）

图 9-20 桔红色的铝塑复合板让室内空间透着梦幻般的神秘

了明显的提高。特别是铝合金经过多样化的表面处理后，外观光滑，色泽柔和，且具有质轻、强度高、耐腐、耐磨等性能，成为用途广泛的建筑装饰材料（图9－17和图9－18）。

一、铝合金的分类

铝合金分为变形铝合金和铸造铝合金。

1. 变形铝合金。

变形铝合金是指通过冲压、弯曲、辊轧等工艺使其组织、形状发生变化的铝合金。变形铝合金又分为不可热处理强化铝合金和热处理强化铝合金。

2. 铸造铝合金。

铸造铝合金按主要合金元素不同分铝硅系、铝铜系、铝镁系和铝锌系四种。它们各自有着优良的性能。如铝硅系合金具有较强的耐蚀、耐热和焊接性，但是强度与塑性较差，在铝硅合金中加人镁或铜，其性能会进一步得到提高。

二、铝合金材料的种类

铝合金材料按外形可分为板材、管材、门窗型材、幕墙框架型材、家具组装系列型材以及各种装饰线材等。型材的表面处理有氧化着色、热固性粉末喷涂着色、氟碳喷涂着色等方法进行涂装。

1. 铝合金板材。

（1）铝单板

铝单板是采用一定厚度的铝合金板材，按照一定尺寸、形状及构造形式加工成型，并对其表面进行涂饰处理的一种高档装饰材料。铝单板的表面一般采用静电液体喷漆。室外用的彩色铝单板表面喷涂应采用氟碳耐腐蚀性和抗粉化性。铝板的着色有黄、绿、橙、红、紫、灰色等多种（图9－19）。

铝单板常用于幕墙、梁柱、吊顶、墙裙、楼梯、家具等饰面的设计。铝单板厚度有：2.0mm、2.5mm、3.0mm、3.5mm、4.0mm；最大尺寸为：1600mm×4500mm。

（2）铝合金扣板。

铝合金扣板按外形分有：正方形、长方形、三角形、菱形、六边形和长条形，铝合金扣板常用于顶面、墙面和隔断等。

（3）铝塑复合板

铝塑复合板主要是由三层材料复合而成，上、下两层为高强度铝合金板，中间层为低密度PVC泡沫板或聚

图9-21　办公空间的铝合金型材隔间

乙烯（PE）芯板，经高温、高压而制成的一种新型装饰板材，其板表面覆有偏二氟乙烯抗紫外线、耐老化涂层（图9－20）。这种产品具有超强的耐侯性能、图案花色丰富、质轻易加工和防火性能卓越等优点。

铝塑复合板规格尺寸一般为：2440mm×1220mm×3mm、2440mm×1220mm×4mm。

（4）铝蜂窝板

铝蜂窝板又称铝蜂窝复合板，是用优质铝箔加工成蜂窝状做芯板，上下再用高强度胶粘剂覆盖两层铝合金板所组成，表面采用印刷、涂布、烤漆工艺处理。这种新型装饰材料具有质量轻、强度高、耐酸、耐碱、防腐、阻燃、保温、隔热等良好性能，可用来做建筑物幕墙和室内墙柱面、顶棚等处的装饰。

铝蜂窝板表面花色比较丰富，如大理石纹、木纹及各种单色等。规格尺寸一般为2440mm×1220mm，厚度一般为10mm×25mm。

2.铝合金型材

建筑铝合金型材多用热挤压法成型，其品种范围包括：

（1）铝合金门系列型材。包括各种系列平开门型材、推拉门型材、地弹门型材（图9－21）。

（2）铝合金窗系列型材。包括各种系列平开窗型材、推拉窗型材、百叶窗型材等。

（3）铝合金幕墙型材。幕墙框架型材是指经特殊工艺挤压成型的建筑幕墙专用铝合金型材。

（4）铝合金线材。铝合金线材包括地毯压边条、吊顶收边角线、家具装饰压条、踏步防滑嵌条以及铝合金门窗与隔断结构架内接角、推拉窗单、双滑轨道等。

第四节　其他金属材料

一、铜材

铜是我国历史上使用最早、用途较广的一种金属材料。铜具有良好的导电、传热性能而且容易精炼。铜材表面光滑，光泽度好，经抛光处理后成为镜面铜材，表面亮度很高；经磨砂工艺处理后成为雾面铜材，表面呈亚光。铜材在建筑装饰中是一种高雅华贵的装饰材料，常应用于公共环境中的工艺装饰门、楼梯扶手栏杆、踏步防滑嵌条、五金配件、铜牌铜字、铜装饰品等（图9－22和图9－23）。

铜材按其外观色彩和主要的构成元素可分为纯铜、黄铜、青铜。

1. 纯铜

呈玫瑰色，表面氧化后呈紫色，故称紫铜。紫铜具有极好的导电性、导热性、耐腐蚀性及良好的延展性，易于加工和焊接，但强度低。纯铜在建筑装饰上使用很少，主要用于电力工业。

2. 黄铜

是以锌为主要合金元素的铜合金，工业黄铜含锌量为50%。黄铜加入各种合金元素能相应地提高强度，如在铜中加入镍的合金，由于晶体微粒化，因而可改善其力学性质和耐蚀性。

黄铜表面抛光后亮丽辉煌，黄铜常用于五金配件及楼梯扶手、水暖器材、踏步防滑嵌条及其他装饰制品。黄铜粉俗称“金粉”，常用于调制装饰涂料，代替“贴金”。

3. 青铜

主要是铜和锡的合金，应用最早。近代又发展了含铝、硅、锰、铅的铜合金，都称为青铜。

青铜的强度、塑性、耐磨性、抗蚀性、电导性、热导性取决于锡含量的多少，以及其他合金元素含量的多少。如铝青铜是以铝为主加合金元素的铜合金，铝的含量在5%～12%，具有较强的机械性、耐磨性和耐蚀性，常用于五金配件（如防锈要求较高的洁具配件）、防滑嵌条。

二、铁艺

现代铁艺从景观、建筑到室内装饰、家具中的应用十分广泛。按铁艺的材料和加工工艺可分为以下三种类型：

1. 扁铁铁艺

是以扁铁为主要材料，冷弯曲为主要的工艺，以手工操作或手动机具操作加工成形的铁艺制品。扁铁铁艺用于围墙栏杆、楼梯护栏、门窗、家具等装饰（图9－24）。

2. 铸铁铁艺

铸铁是一种使用历史悠久的主要的金属材料，具有较强的耐磨性、抗压强度，以及良好的铸造性能。但塑性和韧性较差，遇到潮湿空气易氧化生锈。铸铁铁艺用于楼梯栏板花板、护窗、护栏、家具脚架、地面耐磨滴水盖板及各种工艺铁花。

3. 锻铁铁艺

锻铁是以碳钢型材为主要材料，以表面扎花、机械弯曲、模锻为主要工艺，以手工打制生产的铁艺制品。锻铁铁艺用于围墙栏杆、楼梯护栏、护窗等装饰（图9－25）。

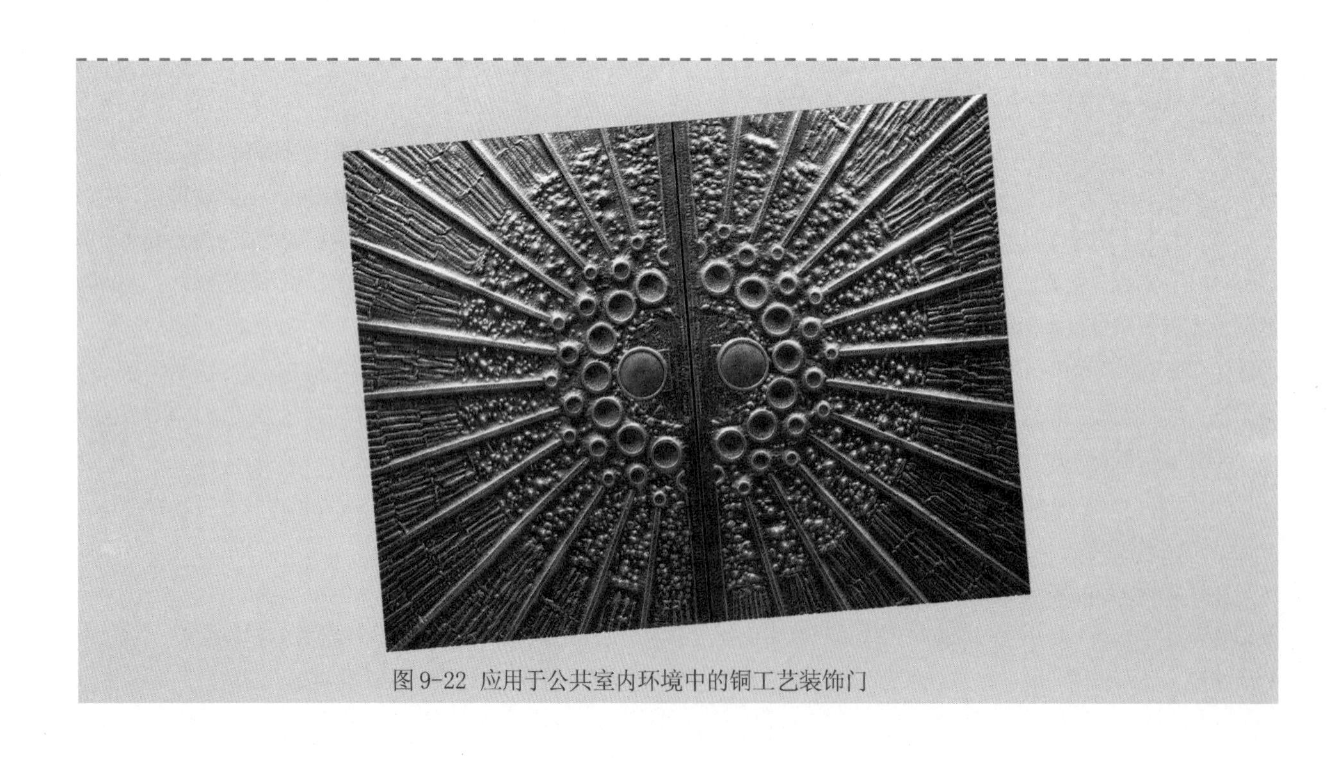

图9-22 应用于公共室内环境中的铜工艺装饰门

图9-23 透光石灯具表面的铜装饰线条

图9-24 应用于公共室外环境中的扁铁铁艺护栏

图9-25 酒店大堂共享空间中的锻铁铁艺护栏

第十章

特种装饰门窗及隔断

第一节　特种装饰门窗

一、微电脑自动旋转门

自动旋转门又称圆弧自动门，是采用中轴旋转结构，按逆时针方向转动，属于高档豪华型装饰门。自动旋转门能起到控制人流量、防风、保温和减少噪音与灰尘的作用。它按其材质分为不锈钢旋转门、铝合金旋转门、钢木旋转门三种。

微电脑自动旋转门是采用高科技微电脑控制系统，门旋转速度可自动调节以适应使用者步行速度，达到舒适及安全的效果。操作系统选择安装于顶棚或门中心的展示箱内。

微电脑自动旋转门制作直径可以从1600～6200mm，可做2、3或4页设计，透明安全弧形夹膜玻璃结合金属的外框，配以简洁的中心立柱，启动灵活，适舒幽雅，豪华节能，适用于人流熙攘的机场、宾馆、饭店、写字楼、百货店等场所（图10－1和图10－2）。这种旋转门对顾客及来访者来讲永远是敞开着的，与此同时，它在防风、保温方面又是永远封闭的。

二、微电脑自动移门

自动移门分为单扇移门和双扇移门，均采用悬吊支撑系统，由导轨与吊装滑轮组成，可按直线或弧线横移，不占空间（图10－3和图10－4）。

图10-1　人流熙攘的机场、宾馆、饭店、写字楼等场所多选用微电脑自动旋转门

图10-2　微电脑自动旋转门适舒幽雅，豪华节能

图10-3　自动移门控制机组

自动移门根据控制方式分为门禁限制型、触压感应型、脚控感应型、脚踏压力型、光电安全型、微波感应型和顶棚吸顶型等多种类型。

微电脑自动移门控制系统是目前较先进的移门控制系统，它具有以下的功能：

1. 高智能的通道控制

集保安、防盗窃与方便紧急应变于一体，在火灾等紧急事件发生时，可确保安全通道的畅通，同时方便外界救援。

2. 自动反转安全装置

当门扇在关门时遇到行人或障碍物等状况时，门扇可自动高速反转，立即开门，防止夹人事件和机件损坏现象发生，提高人员进出的安全性。

3. 方便的功能设置

因采用微电脑CPU控制，可设定门片速度、刹车强弱、延迟开门时间、数字显示状态等。

4. 卓越的静音、节能设计

由于采用DC无槽无刷马达驱动，能保持宁静而无噪

表10－1　松下微电脑自动移门的规格

门扇移动方式	双扇对开		单扇单开	
系列	75 系列	125 系列	75 系列	125 系列
门扇重量	2×最大 75kg	2×最大 75kg	最大 75kg	最大 125kg
门宽度	600mm–1067mm		700mm–1219mm	762mm–1219mm
净空机构宽度	2300mm–6100mm		1350mm–6100mm	1480mm–6100mm

图10-4　微电脑自动移门控制机组的构造

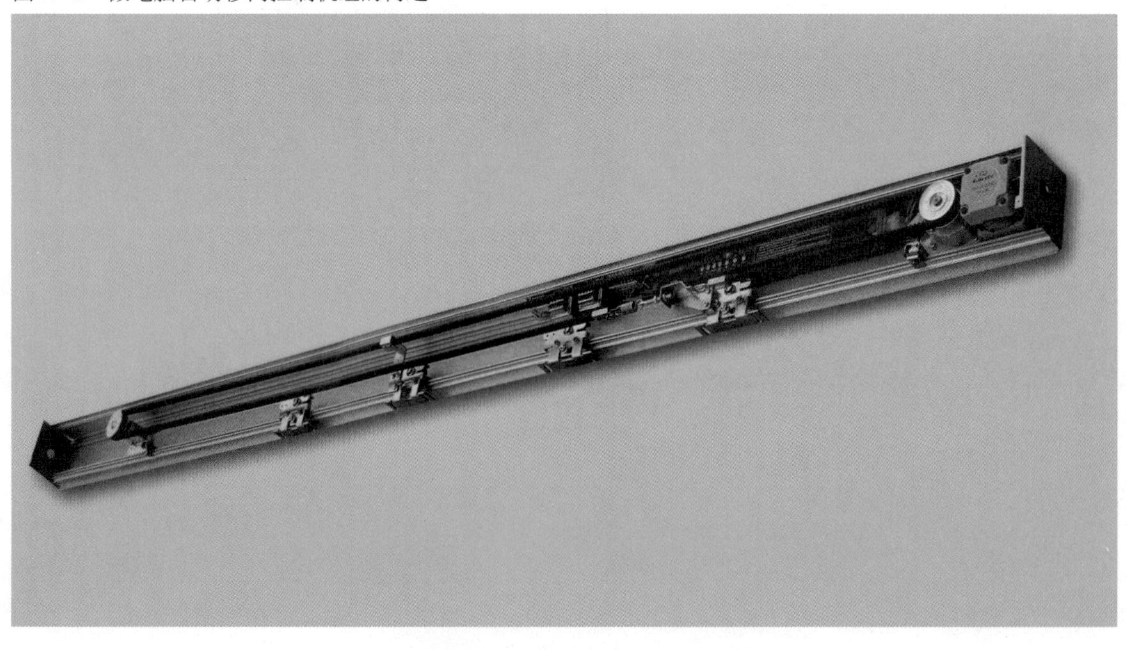

图 10-5 自动移门

图10-6 微波感应型自动移门（工程案例）

图 10-7 钢质防火防盗门（工程案例）

图 10-8 防火卷门广泛用于公共建筑中需防火分隔的部位

图 10-9 防火卷门广泛用于公共建筑中需防火分隔的部位

表10-2 活动隔断的常用表层面板及参数

墙板厚度（mm）	隔音系数	底顶伸缩范围（mm）	面板材料	垂直重量（kg /m²）
100	53	40	电解钢板	51
100	43	40	石膏板	45
85	50	25	电解钢板	40
85	40	25	中密度板	26
85	35	25	石膏板	28
65	32	25	中密度板	20
65	26	25	石膏板	17

声。同时，门扇关闭后，微电脑单独驱动马达以低速运转继续加压，使门扇关闭紧密，保证冷暖气不致外泄（图10-5~图10-6）。

三、防火门

防火门是用于高层建筑防火分区、楼梯间或需设置防火门的其他专业场所的特种门。根据不同场所的设计需要，可分为木质防火门、钢质防火门、防火卷门等不同的种类。

1.木质防火门

木质防火门是选用优质木材，经过难燃浸渍处理制成。门扇表面根据用户需要覆盖难燃胶合板，内腔填充优质防火隔热材料。产品出厂一般不作表面装饰处理，用户可按环境装饰特点选择合适的油漆色彩涂装，使整个装饰环境色调协调统一。

木质防火门具有较好的防火、隔烟、隔热功能，同时也具有普通装饰门的美观视觉效果。一旦发生火灾将门关闭，即可将火、烟限制在一特定区域内，能有效地阻止火势蔓延，最大限度地减少火灾损失，是现代建筑装饰不可缺少的消防安全设备。

木质防火门耐火极限（h）一般为：甲级＞1.2，乙级＞0.9，丙级＞0.6。

2.钢质防火门

钢质防火门是采用优质冷扎钢板或不锈钢板加工而成型，一般门框料厚为1.5～2.0mm，双裁口做法。门体厚度一般为45～55mm，门板料厚度一般为1～1.5mm，内芯按耐火等级要求用硅酸铝、岩棉等材料填充，门扇配装防火合页和防火锁。产品表面经防火、防锈喷漆处理，具有表面平整美观，开启灵活、坚固耐用等优点（图10－7）。

钢质防火门耐火极限（h）一般为：甲级＞2.0，乙级＞1.2，丙级＞0.9。

3.防火卷帘门

防火卷帘门又称防火卷闸门，是在普通卷门的结构基础上，采用优质冷扎带钢轧成“C”形板重叠联锁而成。防火卷帘门一般能自动、手动起闭，设有温度保险装置，能与区域报警器、烟感、温感探头配合实现自动连动，火灾时门体自控下降，定点延时关闭，阻止火势蔓延，减少损失（图10－8和图10－9）。

防火卷门帘片的厚度为1.5～2.5mm，防火卷门的最大宽度一般为15000mm，甲级防火卷门的防火性能为3h。

防火卷门广泛用于公共建筑中需防火分隔的部位，如高层建筑、商厦、医院、图书馆、工业厂房、车库大

图10-10　活动隔断施工案例

图10-11　活动隔断施工案例

图10-12　活动隔断施工案例

图10-13　活动隔断施工案例

门及地下建筑等场所。

第二节　特种装饰隔断

一、　隔声活动隔断

活动隔断是沿路轨将大空间任意分割成若干个小空间，使空间的每一部分均获得充分利用，让这些小空间保持独立的视觉效果。

活动隔断多采用钢质及铝合金框架制成，内芯填充隔声棉，每片隔断体利用操作摇杆使活动板的升缩机械装置上下活动，可使每片活动板固定并具有良好的隔声效果，每片活动板左右边缘也有特制封条，保证活动板之间

图 10-14 活动隔断将大空间任意分割成若干个小空间

图 10-15 活动隔断具有良好的隔声效果（工程案例）

图 10-16 软包贴面的活动隔断

的密封性及平整性，并阻止声波传送。表层面板具良好的防火功能，方向轮配合全方向路轨，可将隔断灵活方便地推移至所需安置的最佳位置（图10－10~图10－13）。

活动隔断的表面装饰可以根据不同的要求选择各种木质贴面、软包饰面、彩钢板饰面、吸声板饰面、防火板贴面及玻璃材质的等，适用于宾馆、酒店、学校、办公、医院、商场、会议中心等场所（图10－14和图10－17）。

活动隔断常用的宽度尺寸为800～1200mm，高度尺寸可根据需要选择，一般在12000mm内，厚度在65～100mm之间。

活动隔断的常用表层面板及参数见表10－2。

二、 模组化隔断

是采用铝合金结构，以矽酸钙板、冲孔金属板、玻璃、三聚氰胺面板、布质面板或木质面板等多样材料制作成的模组化墙体。在工厂制作完成模组件，运至工地安装，无需二次施作，营建效益高，是一种新型的现代办公隔断（图10－18~图10－20）。

1. 模组化隔断的面板材质

（1）FB贴布面板。面材0.8mm麻绒布面，底材12mm耐燃级石膏板。

（2）PP墙纸面板。面材0.3mm耐燃防火级进口墙纸，底材12mm耐燃级石膏板。

（3）CG清玻璃面板。面材5mm磨边、倒角透明清玻璃底材。

（4）SG磨砂玻璃面板。面材5mm磨边、倒角透明磨砂玻璃底材。

（5）SC硅钙面板。面材防腐耐污处理，底材12mm硅酸钙板。

（6）PC防火面板。面材0.8mm防火板，底材12mm刨花板。

（7）WP木纹面板。面材0.1mm押油木纹纸面，底材12mm刨花板。

（8）DS冲孔钢板。面材银灰色粉体烤漆涂装，底材0.8mmSPCC冲孔钢板。

2. 模组化隔断的特点

（1）模组化结构。免除二次施工的误差，施工简便快捷，组件易装拆、重组及回收再生，充分符合环保精神。

（2）单、双层设计。多种材料提供选择，可让业主随意构想个性办公空间，能有效地节约能耗。

（3）使用寿命长。无其他墙面龟裂、发霉、脱漆等传统隔断的缺点，其所有材料都经过表面处理，包括脱脂、除锈、皮膜、热镀锌、高分子线性热硬化性涂料包覆等，使隔断在常温常压下，可长保不锈、不氧化的性能。

（4）安全性强。具有防火、防潮、隔声、耐酸碱、抗静电等功能。

3. 模组化隔断的适用范围

（1）公共空间：机场、地铁、体育馆、图书馆、演奏厅等隔断墙。

（2）写字楼宇：政府机构、银行、证券、保险、科技等重视企业形象的办公室、会议室。

（3）生产工厂：科技电子、食品厂、制药厂、化工厂、手术室、实验室、病房等无尘、无菌、耐酸碱、抗静电之多功能隔断墙。

三、　新型浴厕隔间

是以特殊设计的五金配件，结合高品质、装饰性很强的隔间板材发展起来的多功能浴厕隔间系统（图10-21）。目前市场上多用的隔间板材有倍耐板、耐火板贴面饰面板、三聚氰胺饰面板及金属板、玻璃、透光色艺石板等。

新型浴厕隔间具有独特的美观装饰效果，不但造型浑圆饱满、流线新颖，更具备耐摩擦、耐酸碱、易清洁、防水、防火、防潮及环保健康等特点（图10-22和图10-25）。

新型浴厕隔间系统的五金配件多采用耐候性极佳的铝合金、不锈钢或尼龙材质制成，强度、柔韧度、耐酸碱性、抗老化性极佳。门扇铰链具有自动回归之功能，外锁有双指示功能，有人无人一目了然，同时外锁还兼具门拉手功能。另外方便的双角挂勾装置，特殊的嵌入式消声防撞条等装置都体现出了人性化的设计时尚，是现代公共环境中浴厕隔间的理想装置。

浴厕隔间五金配件

1. 拉杆夹：能坚固连接拉杆与立柱，并具极佳的整体视觉效果（见图10－26-1）。

2. L型固定片：用之固定间板，满足结构稳固要求（见图10－26-2）。

3. 拉杆入墙固定座：美观小巧的固定座能使拉杆稳固在墙身（见图10－26-3）。

4. 重力铰链：具有自动回归功能的铰链，能使门板自然停留于半开或关闭的位置。而此装置是利用重力的特性，避免了靠弹簧归位铰链因长时间使用后弹簧老化失效及发出刺耳的响声等问题（见图10－26-4~图10－26-5）。

5. 带指示门锁：门锁外部带有显示牌，可表明内部是否有使用者，而且门锁经过特殊安全设计，紧急时可由门外打开（见图10－26-6~图10－26-7）。

6. U型入墙固定片：稳固间板与墙身的结构，兼具良好的视觉效果（见图10－26-8）。

7. 可调高度脚座：脚座造型优美，坚实稳固，安装时可视实际需要调整高度（见图10－26-9）。

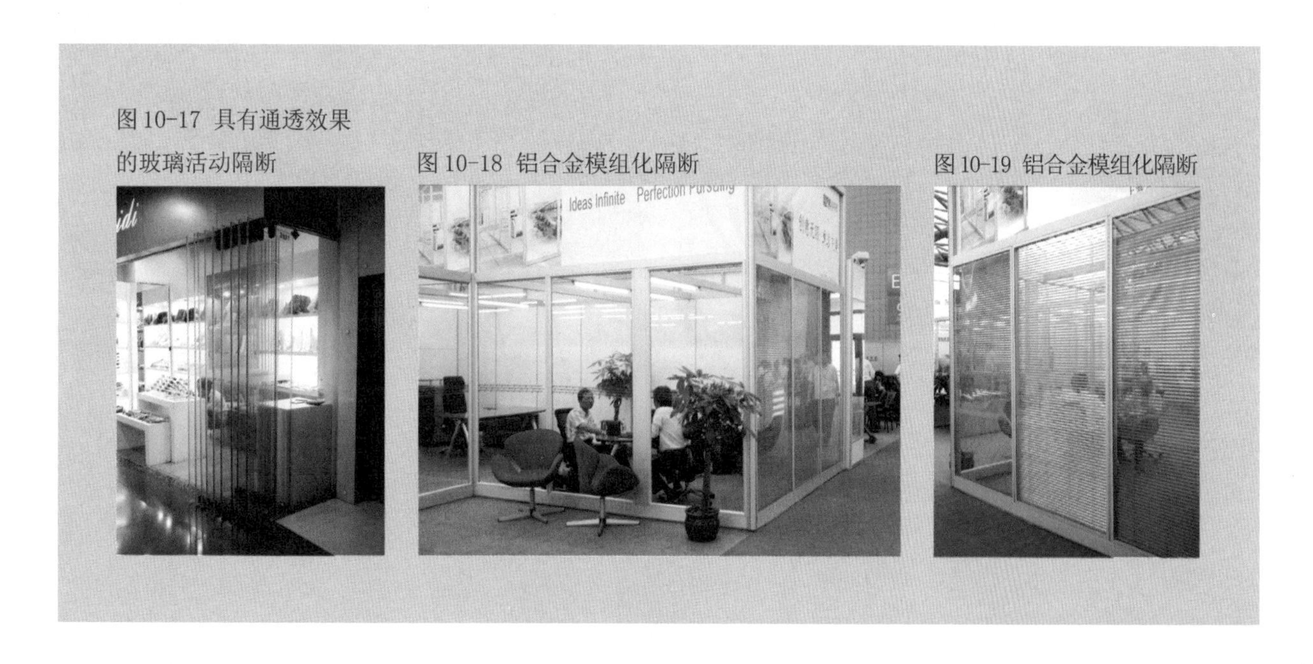

图10-17 具有通透效果的玻璃活动隔断

图10-18 铝合金模组化隔断

图10-19 铝合金模组化隔断

图 10-20　个性化的铝合金模组化隔断

图10-21　装饰性很强的浴厕隔间

图 10-22　耐火装饰板贴面的浴厕隔间

图 10-23　磨砂玻璃门的浴厕隔间

图10-24　玻璃淋浴隔间

图10-25　明快通透的玻璃浴厕隔间

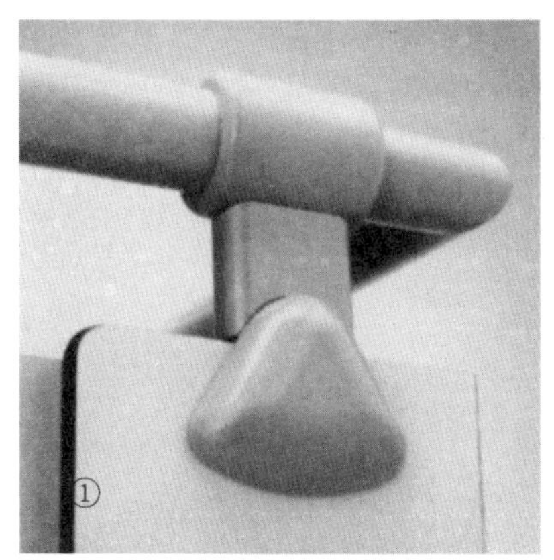

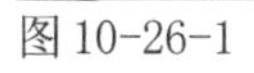
图 10-26-1

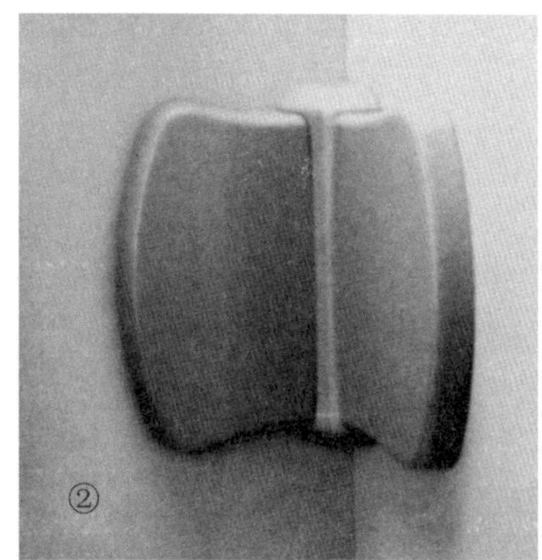

图10－26-2

图10－26-3

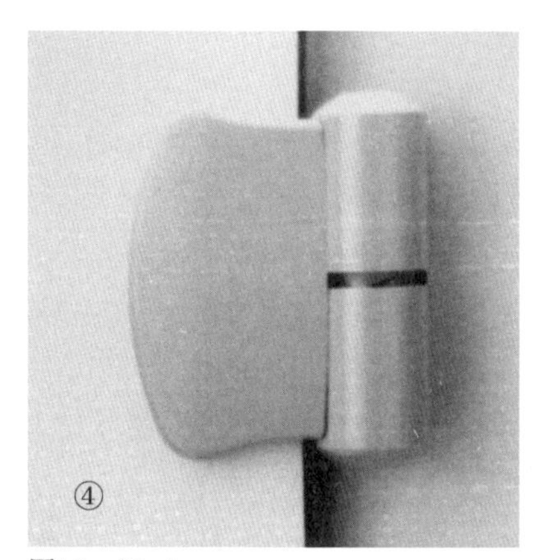

图10－26-4

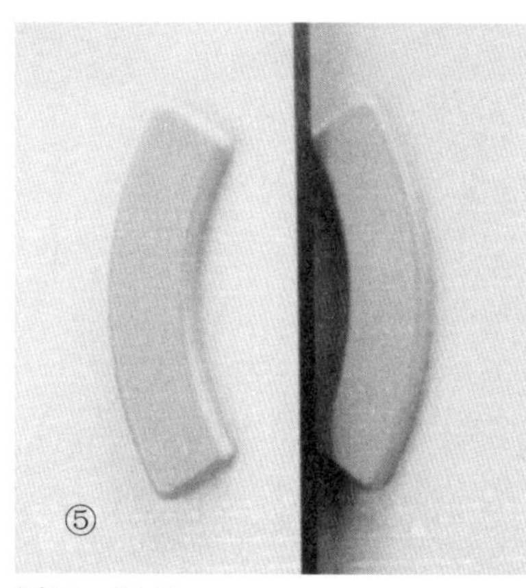

图10－26-5

图10－26-6

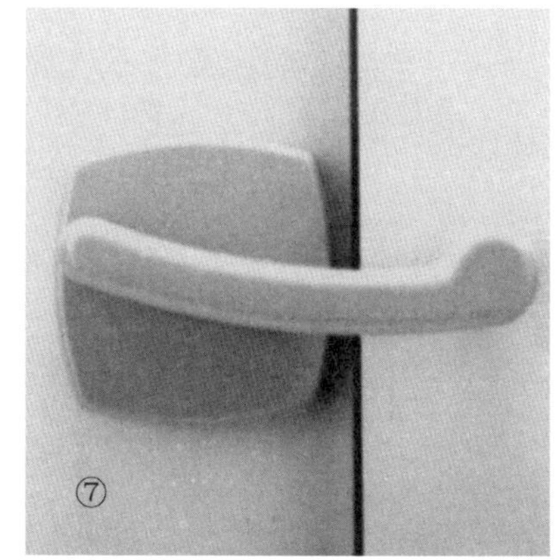

图10－26-7

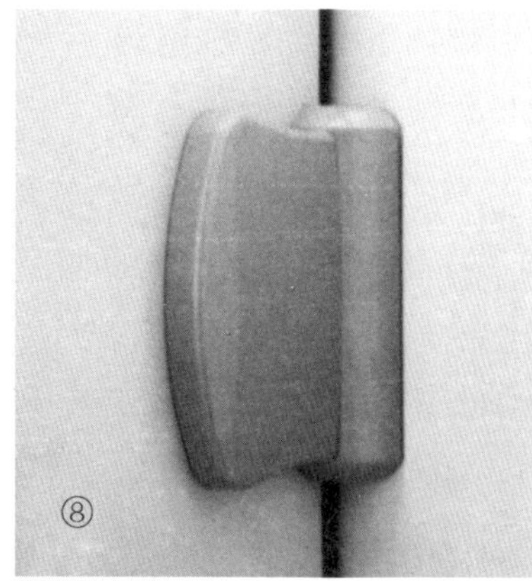

图10－26-8

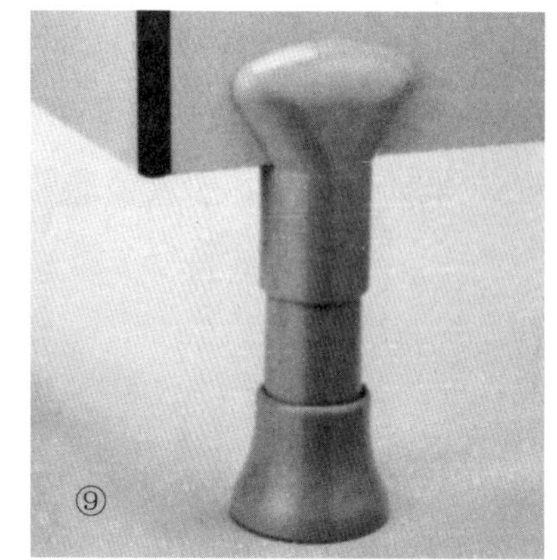

图10－26-9

参考文献

1. 向仕龙等.室内装饰材料.北京：中国林业出版社，2003
2. 何新闻.室内设计材料的表现与运用.长沙：湖南科学技术出版社，2004
3. 何平.装饰材料.南京：东南大学出版社，2002
4. 刘峰.室内装饰材料.上海科学技术出版社，2003
5. 李永盛，丁洁明. 建筑装饰工程材料.上海：同济大学出版社，2000
6. 向仕龙等.装饰材料的环境设计与应用.北京：中国建筑工业出版社，2005
7. 李栋.室内装饰材料与应用. 南京：东南大学出版社，2005
8. 蒋泽汉.软装饰材料及其施工技术. 成都：四川科技出版社，2000
9. 蓝治平.建筑装饰材料与施工工艺.北京：高等教育出版社，1999
10. 陈卫华.建筑装饰构造.北京：中国建筑工业出版社，2000
11. 林振，曾杰.建筑装修装饰工程材料.北京：中国劳动社会保障出版社，2001
12. 向才旺.建筑装饰材料.北京：中国建筑工业出版社，1999
13. 王静.日本现代空间与材料表现.南京：东南大学出版社，2005
14. 方进等.材料构造形式.重庆：西南师范大学出版社，2000
15. 杨静.建筑材料与人居环境.北京：清华大学出版社，2001
16. 任淑贤等.室内软装饰设计与制作.天津：天津大学出版社，1999
17. 白玉林等.纺织品装饰艺术. 沈阳：辽宁科学技术出版社，1994
18. 王福川.简明装饰材料手册.北京：中国建筑工业出版社，1998
19. 孙德岩.建筑玻璃.北京：化学工业出版社，1999
20. 陆亨容.建筑涂料生产与工艺.北京：中国建筑工业出版社，1997
21. 蒋泽汉.木质装饰材料及其施工技术.成都：四川科技出版社，1998
22. 徐秉恺等.涂料使用手册.南京：江苏科学技术出版社，2000
23. 张清文.建筑装饰工程手册.南昌：江西科学技术出版社，2000
24. 褚智勇等.建筑设计的材料语言.北京：中国电力出版社，2006
25. 〔美〕奥斯卡・R・奥赫达.饰面材料.北京：中国建筑工业出版社，2005
26. 〔英〕理查德・韦斯顿.材料、形式和建筑.中国水利水电出版社、知识产权出版社，2005